数字绘画
技法丛书

Photoshop插画创作从入门到精通

王鲁光 著

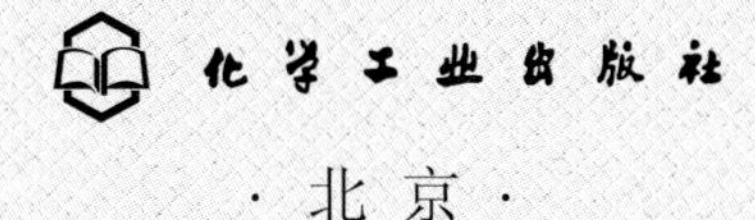

· 北 京 ·

本书为Photoshop绘画进阶教程，适当加入了ZBrush、SAI等软件辅助创作，共分6章，在介绍数字插画的概念、创作方法及流程等基础上，遵循“先写实再夸张再创作”的一般规律，通过具体案例，细致入微地讲解写实、玄幻、工笔国画、卡通、装饰画等多种风格插画的创作。针对绘制重点和学习难点，书中设有“小提示”，以便读者能够抓住要领，高效掌握专业技术。本书附有教学视频、案例源文件、素材图，读者可扫描书中二维码或登录http：//download.cip.com.cn/获得、使用。

本书作为数字绘画教材，可供各高校的美术、艺术设计相关专业作为教科书使用，亦适用于具有创作经验的插画、动漫设计从业者，以及有一定美术及软件操作基础的自学者。

图书在版编目（CIP）数据

Photoshop插画创作从入门到精通/王鲁光著. —北京：化学工业出版社，2017.5（2019.9重印）
（数字绘画技法丛书）
ISBN 978-7-122-29245-2

Ⅰ.①P… Ⅱ.①王… Ⅲ.①图像处理软件 Ⅳ.①TP391.413

中国版本图书馆CIP数据核字（2017）第048122号

责任编辑：张　阳　　　　装帧设计：王晓宇
责任校对：吴　静

出版发行：化学工业出版社（北京市东城区青年湖南街13号　邮政编码100011）
印　　装：北京东方宝隆印刷有限公司
787mm×1092mm　1/16　印张10½　字数249千字　　2019年9月北京第1版第4次印刷

购书咨询：010-64518888　　　　售后服务：010-64518899
网　　址：http://www.cip.com.cn
凡购买本书，如有缺损质量问题，本社销售中心负责调换。

定　　价：54.00元

Preface

前言

与之前出版的同系列图书《Photoshop写实绘画从入门到精通》相比，这本《Photoshop插画创作从入门到精通》更注重创作，两者互为补充又递进深入。因此本书难度有所增加，书中不仅涉及插画创作中其他数字辅助软件的使用，且绘画风格更加多样，既有写实、塑造型插画创作，也有平面风格和手绘模拟风格的作品创作。根据笔者的专业学习和教学经验，多种风格的接触对个人风格技法的逐步成熟是很有必要的。因此，如果说前一本书适用于数字插画的初学者和高校相关专业的中、低年级同学，本书则主要针对有一定软件操作基础、有一定的数字插画创作经验和有进阶需求的中、高级学习者了。

本书写作大纲数易其稿，主要写作思路早已在笔者胸中酝酿，在广泛听取行业朋友、高校同事、学生建议的基础上逐步完善，有赖于上一本书的写作经验，以及与出版社张阳编辑互信而富有效率的沟通，经过近一年的写作，终于不负所托，按时付梓。

其中，第1章介绍数字插画创作的准备工作，涉及插画创作的风格与分类等；第2章按照常规的插画创作脉络，遵循“先写实再夸张再创作”的一般规律，用三个案例进行讲解；第3章强化了上一章的理念并增加了难度，以蟾蜍为创作出发点进行风格、技法迥异的创作，在这一章节中还加入了ZBrush软件的辅助创作，难度虽大却符合当前插画创作的主流要求：工具综合、效率优先；第4章尝试了工笔国画风格的数字插画创作，通过辅助软件SAI的配合快速实现了模仿工笔勾线、上色的效果；第5章为常规卡通风格的作品创作；第6章为装饰画风格。本书力求包含更多的风格，尽量全面地将当前数字插画创作的面貌介绍给大家。

对于本书的学习有几个建议：首先在辅助软件的使用上，不必拘泥于书中介绍的软件，而应着眼于最终效果的快速实现，例如在使用辅助建模软件时，学习者可优先选择已经掌握的三维软件。其次，理解创作思路而勿拘泥参数细节，细心的人会发现，笔者在卡通风格的案例章节中刻意弱化具体颜色数值，这也是希望大家在学习时发挥主观意识，避免本末倒

置。最后，请配合源文件阅读本书。为方便学习者理解步骤，本书案例源文件分层细致，在具体实践中因人而异，酌情而定。

当然，要想通过一本书籍掌握数字插画所有知识的想法是不切实际的，个人风格的形成需要不断尝试，而在个人风格形成以前，艰苦卓绝的修行在所难免。本书任何一个案例的学习都需要时间和心智的累加，在此与您共勉！

最后，感谢您的阅读，感谢广大读者对笔者的鼓励和支持，感谢前辈朋友的鞭策，感谢家人的理解与支持，也特别感谢出版社朋友们的专业、高效。

本书案例中的个别笔刷下载自网络免费资源，如有侵权，请著作权持有人与笔者联系，以便及时纠正。受限于笔者的学识和专业水平，书中难免存有不足，也欢迎读者与我交流、反馈，共同学习（电子邮箱：wluguang@sina.com）。

王鲁光

2017年春节于济南

Ps

CONTENTS

目录

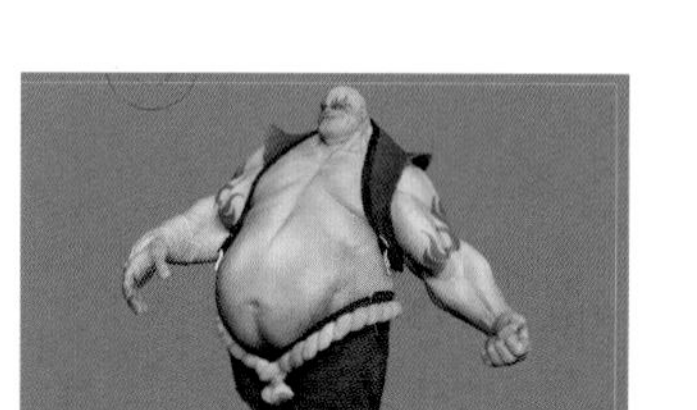

138

151

Ps

Chapter 01

第1章 数字插画创作的准备工作

本章以介绍数字插画创作的理论知识为主，包括数字插画的概念、创作方法、流程的分类及应用等内容。其中最为核心的目的是希望读者在进行数字插画艺术创作之前，能够树立良好的作品观，即脱离习作观念和单纯对客观世界的模仿。另外，在学习本教程之前，需要读者掌握一定的软件操作基础。

1.1 什么是数字插画

数字插画实际上是指使用数字技术手段（电脑软、硬件）进行的插画艺术创作，因此数字插画也可以称为电脑插画、CG插画，属于电脑绘画的一种。这其中包含两个重要方面，一是电脑技术的发展对绘画尤其是插画创作有重要影响，二是社会变革和人类进步造成了人们对插画认识的变化。本节将根据插画的发展历史进行简单梳理。

1.1.1 关于插画

插画，西方统称为“illustration”，源自于拉丁文“illustraio”，指照亮之意，也就是说插画可以使文字变得更明确清晰。《辞海》对“插画”的解释是：“指插附在书刊中的图画。有的印在正文中间，有的用插页方式，对正文内容起补充说明或艺术欣赏作用。”很显然，这更符合对早期插画的解释。

随着社会的发展，现代插画的含义已从过去狭义的概念变得更加宽泛和包容，插画从在图书文字间所加插的图画，变得更加强调其最早的“照亮”之意，只不过照亮的不再是单纯的文字内容，而是用以凸显作品的主题思想、增强艺术的感染力。因此无论是对文字图像化的作品，还是对某一思想、观念图释化的作品，在现代都可以统称为插画。

插画是一门艺术，作为一种重要的视觉传达形式，以其直观的形象性、真实的生活感和美的感染力，在现代设计中占有特定的地位，已广泛用于设计的多个方向，涉及文化活动、社会公共事业、商业活动、影视文化等领域。插画艺术不仅扩展了人的视野，丰富了其头脑，给人以无限的想象空间，更开阔了其心智。随着艺术的日益商品化和新绘画材料及工具的出现，插画艺术进入商业化时代，并对经济发展起到巨大的推动作用。插画的概念已远远超出了传统规定的范畴。纵观当今世界，插画家们不再局限于某一风格，他们常打破以往单一使用一种材料的方式，为达到预想效果，广泛地运用各种手段，使插画艺术的发展获得了更为广阔的空间和无限的可能。

因此，插画从单纯对文字的补充，逐渐过渡到对人们感性认识的满足，又发展到对商业主题的阐述，以及对艺术家独特审美、技巧、观念的表达，其功能性和目的性都发生了深刻的变化。

1.1.2 电脑美术

电脑美术也可称为数字艺术、计算机美术、数码艺术等，是用电脑和输出输入设备进行的美术创作，具体而言，是指将计算机图形图像的数字技术应用于美术创作或影视节目制作的一种特技艺术。由于电脑美术是一门建立在科技手段基础上的艺术创作，因此它既遵循着传统艺术创作法则，又有它自身独特的艺术创作规律。

电脑美术的应用十分广泛，它既可以被广泛地应用于电影特技、卡通动画片的生产、电子游戏设计、电视节目制作、广告设计与制作、平面设计、出版及印刷等领域，也可以成为独立的美术作品。它的意义不仅在于彻底改变了传统美工的制作概念，更使艺术家们的创作空间发生了无法估量的改变。

电脑美术的产生和发展高度依赖计算机技术的发展，同样地，由于计算机技术的高效、便捷，使得插画师在进行创作时有了更大的自由度和将更多创意变为现实的可能。

1.2 如何进行数字插画创作

概括地说，数字插画创作需要两方面的前提条件，首先是良好的艺术修养和一定的美术基础；其次是进行数字插画创作所需的软、硬件设施。

1.2.1 艺术基础

艺术修养的深浅决定着其作品美学价值的高低，艺术的表现对象和接受对象十分丰富，因此艺术修养的内容也多种多样，集中体现在思想、知识、情感、艺术四个方面。良好的艺术修养可以从读书、注重生活实践和勤加艺术实践，以及完善思想品行等方面培养和累积。

美术基础是进行数字插画创作的先决条件，由于数字插画作品最终还是以艺术作品的形式展现出来，而艺术作品的产生需要创作者一步步操作和绘制完成，虽然优秀的计算机技术可以短期内实现很好的画面效果，但依然不能脱离美术基础对作品的影响，因此，美术基础可说是创作者完成作品的原动力。

1.2.2 软、硬件基础

一定的软、硬件基础是将想法落实到画面的载体。随着计算机技术的发展，绝大部分电脑都已经实现了运行数字插画软件的要求，除了部分数字插画需要辅以三维软件和数字雕刻软件进行基础效果搭建或素材制作，对计算机硬件运行流畅有一定的要求以外，大部分的个人电脑都已满足数字插画创作的需求。

（1）硬件方面

以本书案例的主要使用软件Photoshop CC为例，其对硬件的要求如下。

WINDOWS系统下，处理器：INTEL® PENTIUM® 4或AMD ATHLON® 64处理器；系统要求：支持Vista、Win7、Win8、Win8.1及以上；磁盘空间：2.5GB的可用硬盘空间以进行安装；显示器：1024×768分辨率（建议使用1280×800分辨率）；OPENGL® 2.0、16位色和512MB的显存（建议使用1GB）；通过网络完成在线注册和验证等服务。

MAC OS系统下，处理器：多核心INTEL处理器，支持64位处理器；系统要求：MAC OSX V10.7或V10.8；1GB内存；3.2GB的可用硬盘空间以进行安装；1024×768分辨率（建议使用1280×800分辨率）；具OPENGL® 2.0、16位色和512MB的显存（建议使用1GB）；通过网络完成在线注册和验证等服务。

不难看出，对于以上硬件要求，当下电脑配置基本都可以满足（图1-1、图1-2），如果使用低版本软件的话，对硬件要求还可以降低。随着时代的发展，各式便携设备和平板电脑也可以流畅运行数字插画软件，成为艺术工作者创作时的极佳选择（图1-3）。

图1-1 台式电脑

图1-2 笔记本电脑

图1-3 平板电脑

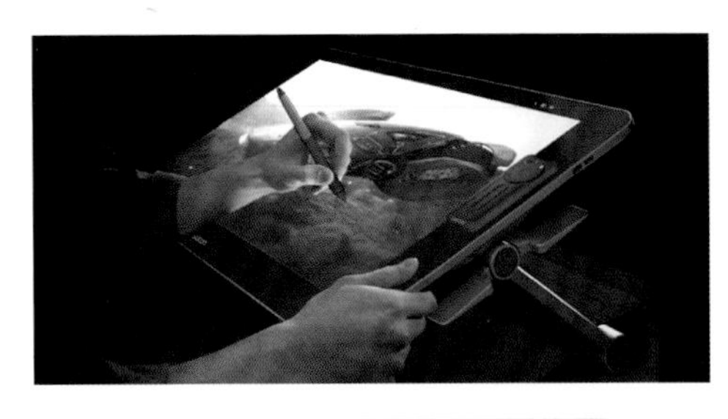

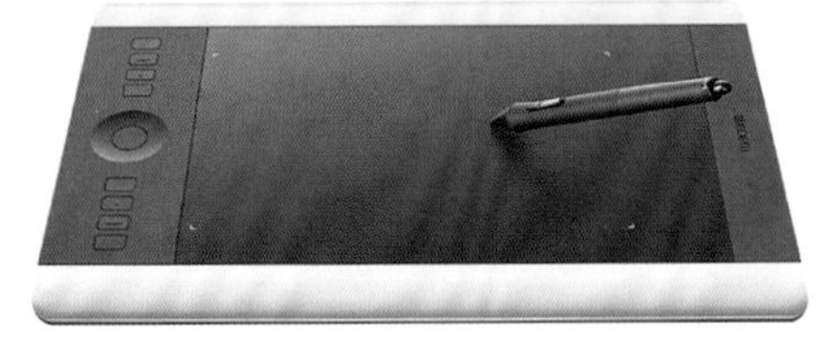

图1-4 手绘设备

数字插画的硬件还包括极其重要的数位板。数位板，又名手绘板、绘图板、绘画板，是计算机输入设备的一种，也是进行电脑绘画或CG插画时的必备工具之一。数位板通常是由一块板子和一支压感笔组成，使用者在电脑绘画时使用数位板来模拟纸上手绘，且借助软件技术，可以更快地实现对图像的绘制和编辑（图1-4）。

数位板可以结合Photoshop、Painter、SAI等绘图软件进行插画绘制或其他平面设计，也可以结合ZBrush等数字雕刻软件进行三维数字造型设计，还可以在游戏中发挥其精准性和高灵敏度的特点。数位板正确使用的前提是驱动程序的合理安装。

随着硬件技术的发展，数位屏也逐渐普及。与数位板相比，数位屏（又称手绘屏）在绘画时具有更直观的特点，不同尺寸的数位屏可以满足使用者对大绘图区域或便携的要求。但是数位屏的价格相对较高，大家可根据各自需要购买。

数位板的品牌很多，国外有Wacom，国内有汉王、友基等，同一品牌也有一定的价格差距。以Wacom为例，手绘板有入门级Bamboo系列和专业级Intuos（影拓）系列，手绘屏有Cintiq（新帝）系列等。一般来讲，数位板级别越高，设备对人手使用时的感知越精确，对学生来讲，入门级数位板足以满足其学习和创作所需。本书案例绘制所使用的手绘板型号为Wacom Intuos Pro PTH-651。

（2）软件方面

数字插画所使用的软件有很多种类，如Photoshop、Painter、SAI、Illustrator、CorelDRAW、FreeHand、ZBrush、Sketchup等，不同的软件有各自不同的特点，优秀的数字插画师需要学习不同的软件以实现高效的创作，比如有时需要使用三维软件（如Maya、3ds Max等）或数字雕塑软件（如ZBrush、Mudbox、3D-Coat等）完成场景位置摆放、透视关系处理、光源效果模拟、角色或道具创造、静帧渲染等工作，配合常规数字绘画软件来完成作品。软件技术的发展极大地提高了数字绘画的效率，也使得数字插画的创作有了更多可能。一般来说，成熟的数字插画设计师需要至少熟练掌握一个平面绘画软件和一个三维软件，同时对其他软件的不同特点有所了解，在完成作品时可以借鉴使用。当然，单纯掌握平面绘画软件也可以完成很好的数字插画作品，但是在工作效率上会受到影响。因此建议大家在广泛熟悉软件的基础上有所侧重，正所谓“技多不压身”。

下面对一些使用频率较高的软件做简单介绍。

① 平面绘图软件

a. Photoshop

Photoshop全称为Adobe Photoshop，简称“PS”，是由Adobe Systems开发和发行的图像处理软件，主要处理由像素所构成的数字图像，使用其众多的编修与绘图工具，可以有效地进行图片编辑工作。此外，PS有很多功能，在文字、视频、出版等各方面都有涉及（图

1-5）。

2003年，Adobe Photoshop 8被更名为Adobe Photoshop CS。2013年7月，Adobe公司推出了最新版本的Photoshop CC，自此，Photoshop CS6作为Adobe CS系列的最后一个版本被新的CC系列取代。Adobe支持Windows操作系统、安卓系统与Mac OS，但Linux操作系统用户可以通过使用Wine来运行Photoshop。

图1-5 Photoshop CC软件启动界面

在设计领域，Photoshop是最基础和使用最为广泛的设计软件，电脑绘画是其强大功能模块中的一个，Photoshop画笔工具不但可以绘制超写实CG插画，同样也可以实现对真实绘画效果的模拟，因此，在进行电脑绘画学习时，以Photoshop软件入门是十分明智的选择。本书即是以Photoshop CC版本为主要工具进行电脑绘画的案例示范。

图1-6 Painter 2017版本软件启动界面

b. Painter

Painter是一款极其优秀的仿自然绘画软件，拥有全面和逼真的仿自然画笔。它是专门为渴望追求自由创意及需要数码工具来仿真传统绘画的数码艺术家、插画家及摄影师而开发的。它能通过数码手段复制自然媒质效果，是同级产品中的佼佼者（图1-6）。

Painter，意为“画家”，加拿大著名的图形图像类软件开发公司Corel公司用“Painter”为其图形处理软件命名真可谓是实至名归。与Photoshop相似，Painter也是基于栅格图像处理的图形处理软件。

把Painter定位为追求在电脑上实现手绘效果的数字绘画软件比较适合，其内置了上百种绘画工具，以实现对真实绘画效果的模拟，其中的多种笔刷可以重新定义样式、墨水流量、压感以及纸张的穿透能力。Painter可使数字绘画提高到一个新的高度。

c. SAI

Easy Paint Tool SAI，简称SAI，意为小巧的绘画工具，是日本SYSTEMAX公司研发的软件，特点是免安装、小巧、简易。SAI具备一定的对自然手绘材质的模拟能力，然而其最大的特点则是“抖动修正”功能，在配合手绘板进行绘制的时候可以很容易画出流畅优美的线条。另外，SAI的钢笔工具也具有独特的容易操作的特点。

尽管如此，由于功能限制和其他原因，SAI虽然逐渐流行但普及性并不是很高。但这并不影响它成为一款十分优秀易用的电脑绘画软件（图1-7）。

此外，常见的平面绘图软件还有Adobe Illustrator、CorelDraw、Freehand、ComicStudio、Open Canvas等，建议大家逐一了解其特点，对有兴趣的软件熟悉掌握。

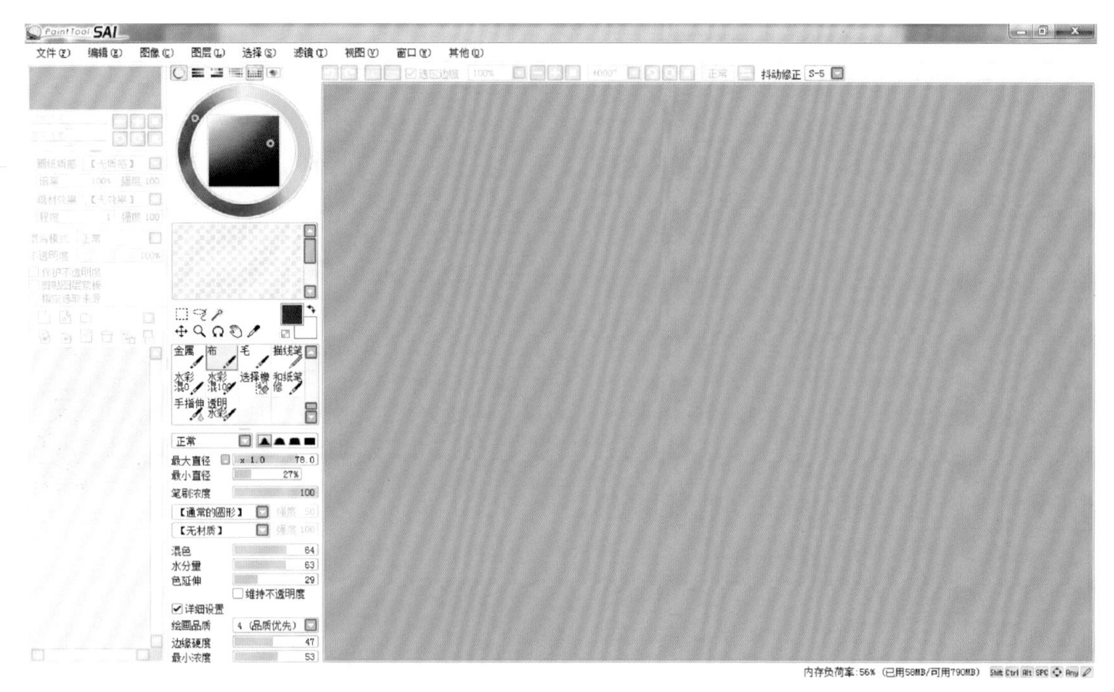

图1-7　SAI软件界面

② 三维软件

在数字插画创作过程中，有时还需要借助一些三维软件来提高效率，如使用Maya软件或3ds Max软件来搭建建筑模型然后渲染出静帧图片，导入到平面软件中作为场景绘制的基础，这主要是利用了三维软件的镜头透视功能和快速建模特性。另外，有时设计师使用其中的灯光或贴图功能，也是为了快速而准确地将基础效果搭建出来。

a. Maya

Autodesk Maya是美国Autodesk公司出品的世界顶级的三维动画软件，其具备完善的3D建模、动画、特效和高效的渲染功能。同时，Maya也被广泛应用到了平面设计领域，其强大功能正是插画师、设计师、影视制片人、游戏开发者、视觉艺术设计专家、网站开发人员们极为推崇它的原因（图1-8）。

当然，三维软件相较于平面软件来说，功能强大但操作相对复杂，对数字插画师来说，只需要掌握一部分软件功能即可满足创作所需。

图1-8　Maya软件

b. 3ds Max

3ds Max，全称Autodesk 3ds Max，是Discreet公司开发的（后被Autodesk公司合并）基于PC系统的三维动画渲染和制作软件。作为一款优秀的三维软件，其优势非常明显，如对电脑系统的配置要求不高、插件复杂功能强大等，另外由于其引入中国较早，在使用上具有一定的普及性，故广泛应用于广告、影视、工业设计、建筑设计、三维动画、多媒体制作、游戏、辅助教学以及工程可视化等领域。3ds Max同样也可配合数字插画软件使用，特别是在建筑模型的搭建速度方面具有很强的优势（图1-9）。

其他三维软件还有Rhino、Softimage/XSI、Lightwave 3D、Cinema 4D等，不同的三维软件在技术侧重和工作流程方面各有千秋。

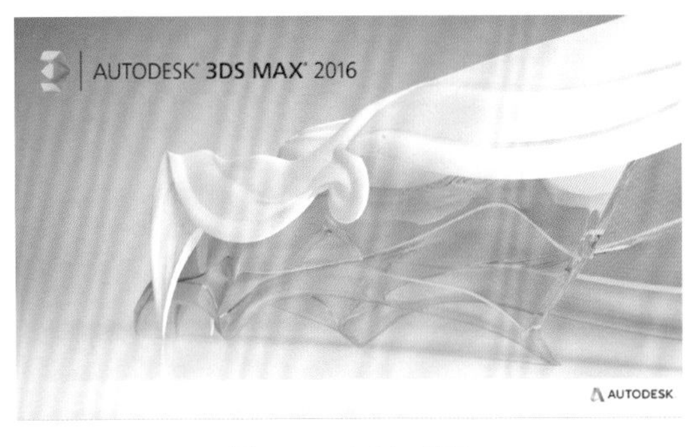

图1-9　3ds Max软件

③ 数字雕刻软件

数字雕刻软件也可作为数字插画的辅助软件使用。数字雕刻是利用计算机进行虚拟的雕刻。在虚拟的世界中，使用者可以用软件对任一个现实的或虚拟的完全基于自己想象的事物雕刻。数字雕刻软件在角色建模尤其是高精度模型方面具有超强的优势，可以在短时间内雕刻出精细的质感和效果。但是由于其软件操作的特性和一定的技术难度导致其更多地作为高级建模工具使用。

ZBrush是一个数字雕刻和绘画软件，它以强大的功能和直观的工作流程彻底改变了整个三维行业。数字雕塑软件的真正发展较晚但发展的速度却非常迅猛，不但在软件的数量和功能上有突飞猛进的提高，在行业的应用上也有很大的拓展。并且，数字雕塑软件的出现也改变了很多设计师的工作流程。强大的雕塑建模功能和颜色绘制功能解放了艺术家的灵感，可以让设计师把更多的精力关注在设计和创作上，将软件的操作难度降到最低（图1-10）。

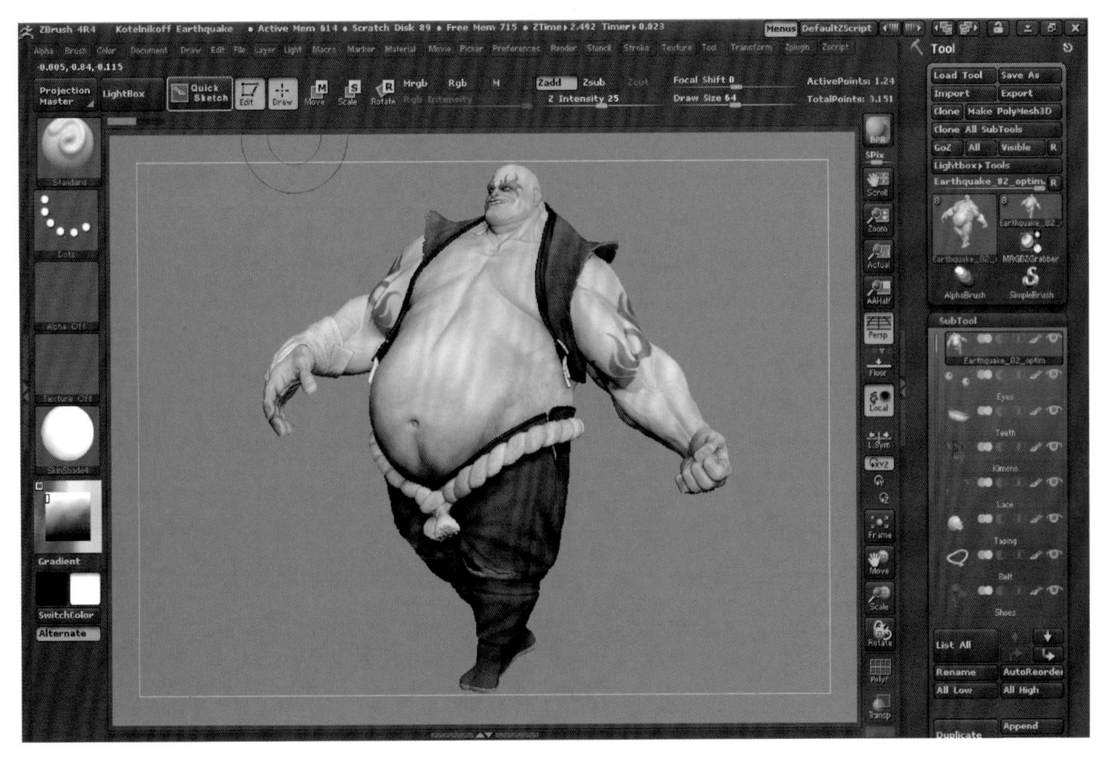

图1-10　ZBrush软件界面

ZBrush本身不仅可以作为三维数字雕刻软件来使用，还可以作为静帧作品创作工具，在CG创作领域得以广泛使用。此外，它还可以与其他三维软件配合使用，实现惊人的作品效果。

常见的以雕塑模型为主要功能的数字软件还有Mudbox和3D-Coat等，都需要使用手绘板和手绘笔配合软件使用，以不同的笔刷模拟不同的雕刻效果。需要强调的是，数字雕塑软件本身虽各有特点，但作品好坏的关键依然取决于创作者的作品创意、软件操作的熟练程度、作品的精度等方面。对于数字插画创作者来说，至少熟悉和掌握一款数字雕塑软件的基本操作是大有裨益的。

1.2.3 数字插画的创作流程

一幅数字插画作品从无到有需要经过很多流程，作品的最终完成离不开创作者独特而优良的艺术审美和技术表达，但数字插画作品也有其特殊性，需要多方面的考虑，尤其是在作为商业插画的情况下，作品的创作受制于商业任务的委托人、主题、推广渠道、商品受众等方面的制约。即使作为纯粹的个人创作，一般也需要经过若干步骤才能完成作品。

（1）作品分析

插画作品的定位是创作的最初阶段需要首先考虑的内容。所谓创作定位就是要找准不同的对象、方法和手段，一般需要考虑以下三个方面：首先是插画作品的受众，即最终欣赏和接受作品的群体，针对他们的心理特征进行相应的风格、形式、手法的选择。如儿童书籍作品的插画创作就需要考虑不同年龄层儿童的心理和生理特征、对色彩三元素（明度、纯度、色相）的选择、对造型风格的设定等方面。其次是对插画题材和具体内容的预判，针对不同题材和作品情节内容，预设不同的风格面貌和价值取向。如对于表达青年人爱情的插画作品和表达对社会现象进行讽刺调侃的作品，在创作之始就决定了它们风格面貌的不同。最后是对传播渠道的了解。数字插画的展示和传播渠道对作品受众的接受效果就有很大影响，如在地铁上的移动媒体传播的数字插画作品就要求效果简洁，能够很快吸引受众并让他们理解作品内容。

以上内容看似复杂，实际上在数字插画创作之初可以在很短的时间内作出判断。作品定位分析的准确性对作品成功与否的影响很大，在这之后就可以进行作品的具体构思，从而为真正动手绘制打好基础。

（2）技术准备

当完成了插画作品的设计定位、作品构思之后，往往需要对有可能用到的素材进行整理搜集，科技的发达为插画师提供了极大的便利，书籍、网络包括日常积累的素材都可以为其所用。

插画绘制的准备工作可以简单概括为“人”和“机器”的准备，即创作者的美术基础、艺术修养，手绘板、手绘屏或平板电脑的硬件支持，创作者对软件的熟练使用，等等，这都需要时间的累积和用心的准备。

通过以上思考和准备，一般可以确定作品的形式与内容，以及具体的技术手法，不同的技法对接下来的绘制步骤有不一样的影响。

（3）作品完成

数字插画的具体绘制流程因人而异，如有的作者习惯于在电脑上起稿绘制，有的作者更喜欢手绘草稿，然后通过扫描或拍摄等手段导入电脑中进行下一步绘制；有的作者的整个创作过程完全使用一个软件，而有的作者更喜欢若干软件的配合使用；有的作者习惯于在夜间精力高度集中的时候完成作品，而有的作者更倾向于利用好日常工作时间。另外在具体使用的软件和笔刷上也不尽相同，虽然差异很大，但可谓万变不离其宗。

数字插画的具体绘制一般包括构图起稿和绘制正稿，由于技术带来的极大便捷，画面构图和效果往往可以在任何阶段腾挪调整，数字插画在移动、旋转、缩放、校色等方面具有极大的便利性，这也正是数字艺术的魅力和乐趣所在。

1.3 数字插画的分类及应用

数字插画通常被分为偏重艺术方向的数字插画和偏重商业领域的数字插画，这是以创作者的创作目的和应用方向加以区分的。实际上，现代数字插画的这种分类界限已经逐渐模糊。随着数字插画越来越多地应用于人们生活的方方面面，并通过书籍、网络、影视媒介等进行传播，形成了琳琅满目的风格，而其艺术性与商业性往往交织在一起，难以界定。

按照题材和类型分类，数字插画可以分为时尚插画、儿童插画、幻想插画、动漫插画、游戏插画和示意性插画等；按照适用媒体分则可以分为印刷类媒体插画和影视类媒体插画等；按照国家民族分类可以分为中国风插画、欧美式插画、日式插画、韩式插画等；按照技法分类可以分为色块类插画、线稿填色类插画、绘画质感模拟类插画、素材合成类插画等。本书即以技法区分作为重点，通过不同案例的创作过程解析数字插画的创作方法。

数字插画的应用范围十分广泛，其中主要是电影、游戏、动漫和书籍方面，另外在广告设计、服装设计、网页设计、包装设计、装饰设计等方面，以及教育、医疗、气象、建筑等领域也得到广泛应用。

实战练习

1. 任选几个数字插画作品案例进行分析，主要从作品的立意、技法等方面着手，并尝试从创作者和观者的不同角度分别进行分析。

2. 选择一个主题，如游戏、书籍、社会事件、商品等，进行创作分析，要求内容详尽、图文并茂，并完成草稿和基本颜色设置。

Ps

Chapter 02

第2章 写实风格作品的创作

本章以写实风格作品的创作为主，主要是为了遵循数字插画创作的一般规律：先写实再夸张再创作。写实是一般创作者都具备的能力，在初学阶段也较为容易理解掌握，而本章的目的则是通过写实训练熟悉软、硬件配合，巩固基础，并尝试加入创作元素，规避描摹和单纯的客观再现。

2.1 《蝉》的创作

本节以蝉为例，蝉又称知了，蝉的幼虫通常会在土中待几年甚至十几年后，于黄昏或夜间钻出土表，爬到树上，然后抓紧树皮，蜕皮羽化。成蝉的存活时间仅一个月，其中，雄蝉在盛夏时分高声鸣叫，饮食树汁。虽然蝉在民间并不讨喜，但其独特的生存过程却为人们津津乐道，成为古诗词曲常见的意象之一，比如唐代虞世南的《蝉》。

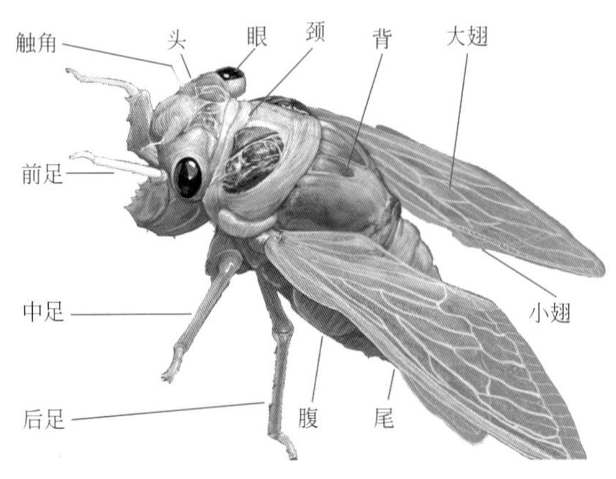

图2-1　蝉的结构图

2.1.1　绘前分析

在绘制情境设定方面可根据具体的绘制对象——蝉，一般选择其最有特点的代表性场景绘制，如幼蝉破土而出、蜕皮羽化或雄蝉高声鸣叫的场景。此处选择雄蝉爬在树叶上鸣叫的场景，光线设定为左上方斜光，重点表现其浓郁色彩和质感、光感。蝉的基本结构如图2-1。蝉的结构虽然复杂，但可以简单概括为嵌套式结构，因此在绘制时应注意结构之间的穿插连接。刻画翅膀的半透明感有两种选择，既可以通过笔触塑造刻画其细节以显示其半透明感，也可以在塑造之后降低图层透明度以显示其半透明感。本案例选用第一种方式。

图层方面，至少应分为背景层（背景环境）、中景层（树枝或树叶）和近景层（主体物蝉），每一层还可根据各人绘制习惯进行细分，最终分层数量和图层顺序要根据具体绘制情况而定，合理的图层分布有利于数字插画创作过程中的快速调整。

工具方面，主要使用柔边圆笔刷（图2-2）并降低笔刷的透明度、流量有利于笔触融合。后期绘制时可选择具有颗粒感的笔刷以增强其质感。绘制过程中须开启流量和不透明度的压力控制按钮（本案例所有绘制过程都须开启画笔压力控制按钮）。

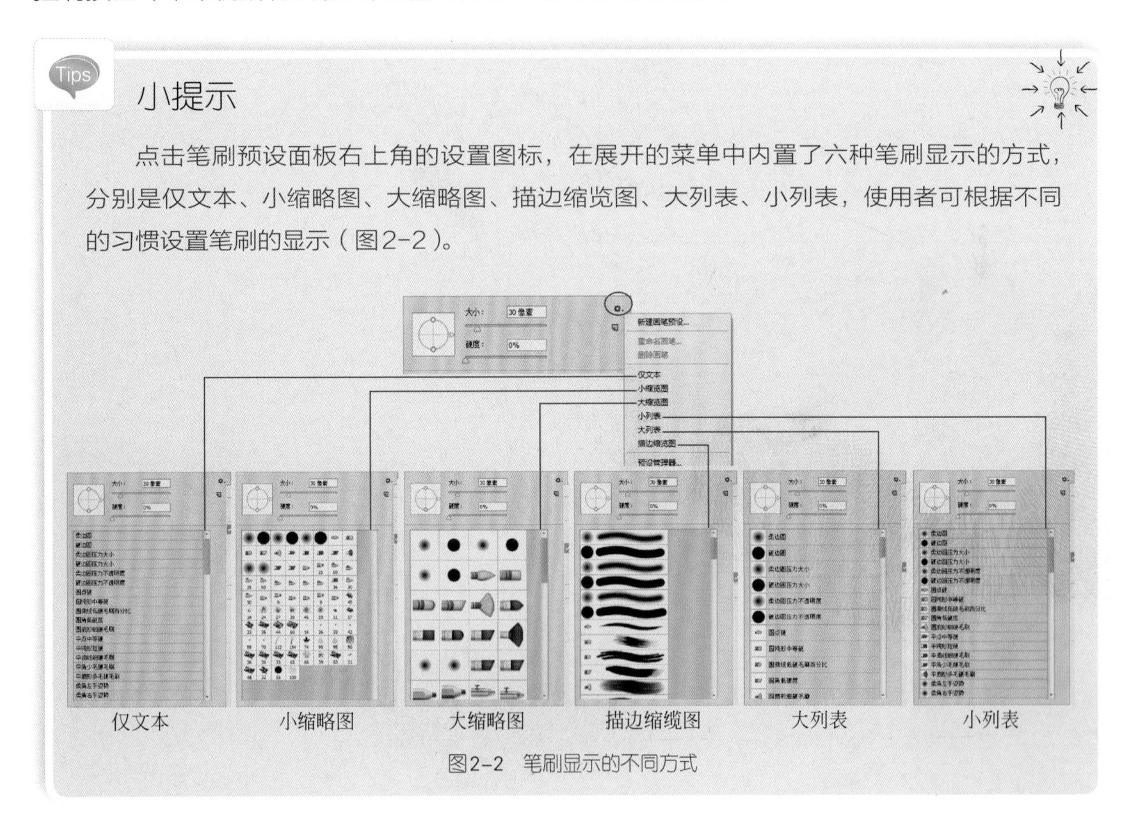

图2-2 笔刷显示的不同方式

2.1.2 确定技法——直接绘制法

根据绘前分析，直接绘制的方式更加适合本案例。所谓直接绘制法是一种比较笼统的称呼，在数字插画创作中指的是直接使用手绘板和手绘笔配合电脑绘制，不直接使用或少量使用素材的方法。直接绘制法的优点是绘制效果简单直观，但是对作者的美术基础有一定的要求。

2.1.3 画布起稿

① 执行菜单栏“文件”>“新建”（快捷键Ctrl+N），新建一个画布，将文件名称命名为“蝉”，选择国际标准纸张、A4（图2-3），然后将画布旋转90

度（菜单栏“图像”>“图像旋转”>“90度”）。

② 在图层面板新建图层并命名为“线稿”层，选择画笔工具中的柔边圆笔刷，设置笔刷大小为20像素、不透明度为100%、流量为20%，点选压力控制按钮后，在线稿层使用纯黑色起稿绘制线稿（图2-4）。

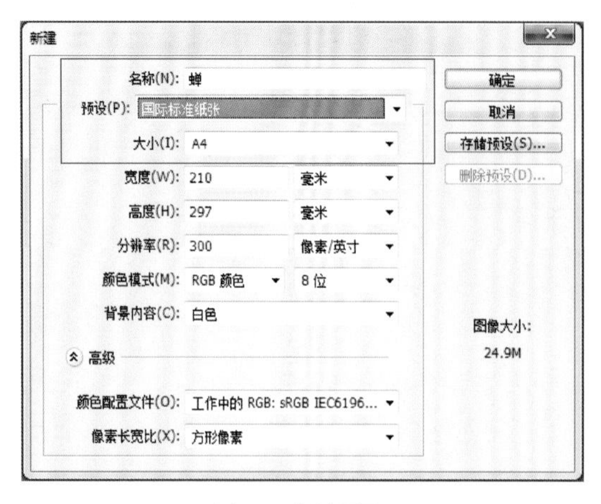

图2-3　新建图层

图2-4　绘制线稿

小提示

常见的起稿方式有：①先画详细的线稿再分层着色；②快速起草稿再大面积铺设基础色；③先快速铺设黑白灰关系和光源，完成素描大关系，再执行菜单栏“图像”>“调整”>“色相/饱和度”，勾选“着色”按钮调整出基础颜色后再分层上色，等等。上色时既可以直接在线稿层上色，也可以新建图层分层上色。起稿上色方式因人而异、因绘画习惯而异。

2.1.4　铺设底色

① 完成线稿后，使用油漆桶工具将背景图层填充深绿色（R：23、G：37、B：12）作为底色（图2-5），然后复制线稿层，隐藏原来的线稿作为备份，将新复制的线稿层重命名为“底色-蝉”，在此图层绘制蝉的基础色（图2-6）。

② 在图层面板新建图层并命名为“底色-树叶”和“底色-翅膀”，合理放置图层顺序，在“底色-蝉”图层开始绘制蝉的基础颜色。

选择柔边圆笔刷，设置不透明度为100%，流量为19%，点选压力控制按钮，使用纯黑色并选择画面左侧的眼睛开始绘制。眼睛的高光使用白色绘制，反光则拾取背景色绘制。绘制时注意高光和反光的形状取决于眼睛形状的起伏（图2-7）。

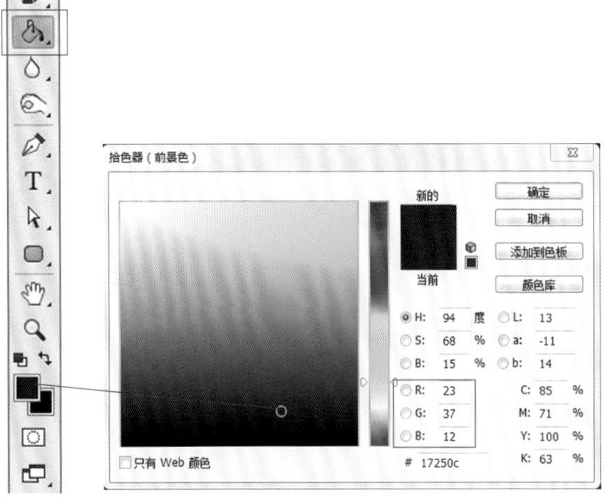

图2-5 填充底色

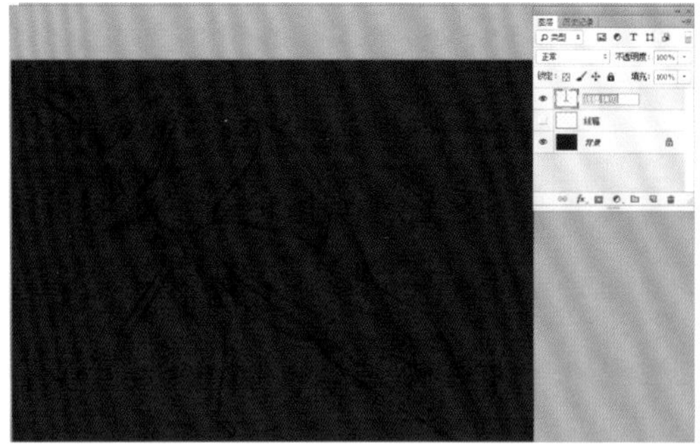

图2-6 分层上色

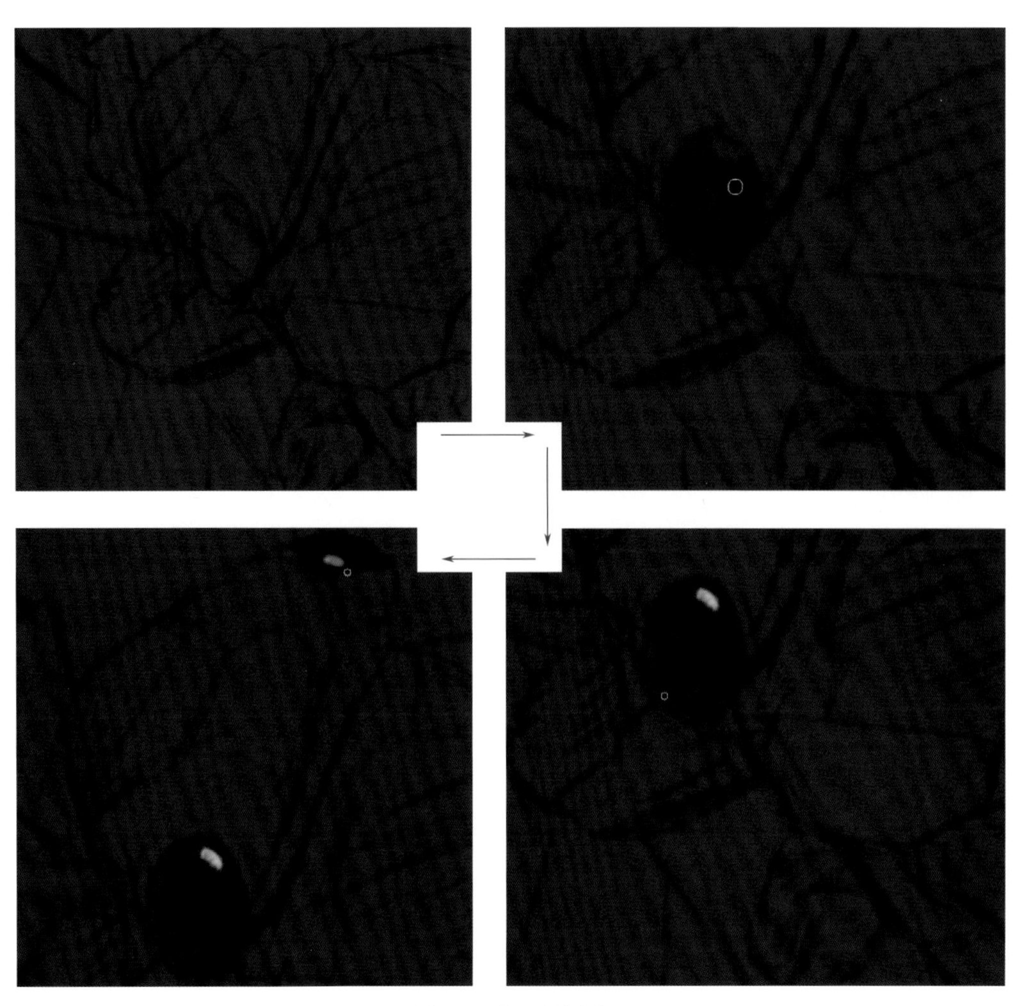

图2-7 眼睛基础塑造

小提示

在画笔工具模式下按住键盘Alt键，笔刷自动切换到颜色拾取器工具，鼠标左键点选所要拾取的颜色即可快速将颜色面板的颜色切换到所选颜色。此功能在油漆桶工具模式下同样适用。

③ 在“底色-蝉”图层绘制蝉的固有色（主要是R：75、G：29、B：4和R：149、G：126、B：32），在“底色-树叶”图层绘制树叶亮部的固有色（R：13、G：105、B：10）（图2-8）。

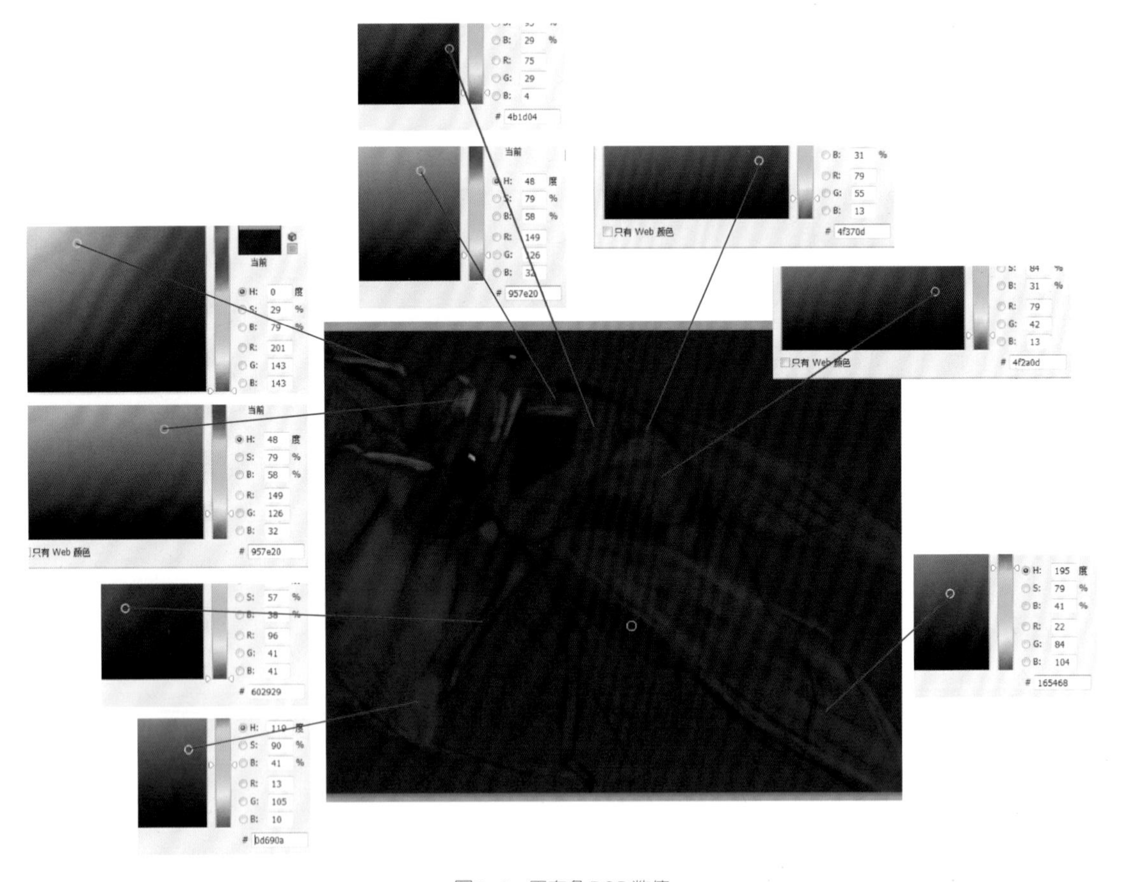

图2-8　固有色RGB数值

小提示

固有色的绘制有两种方法，第一种是在颜色面板选择确定RGB数值的颜色，第二种是按住Alt键使用吸管工具拾取颜色过渡。绘制时以两种方式交替使用为宜。

④ 继续铺设底色，依然选择从眼睛部位开始绘制，第二遍铺设底色时不仅需要考虑颜色的准确性和审美要求，也要注意形色合一，用色遵循结构关系，以符合画面明暗关系（图2-9）。

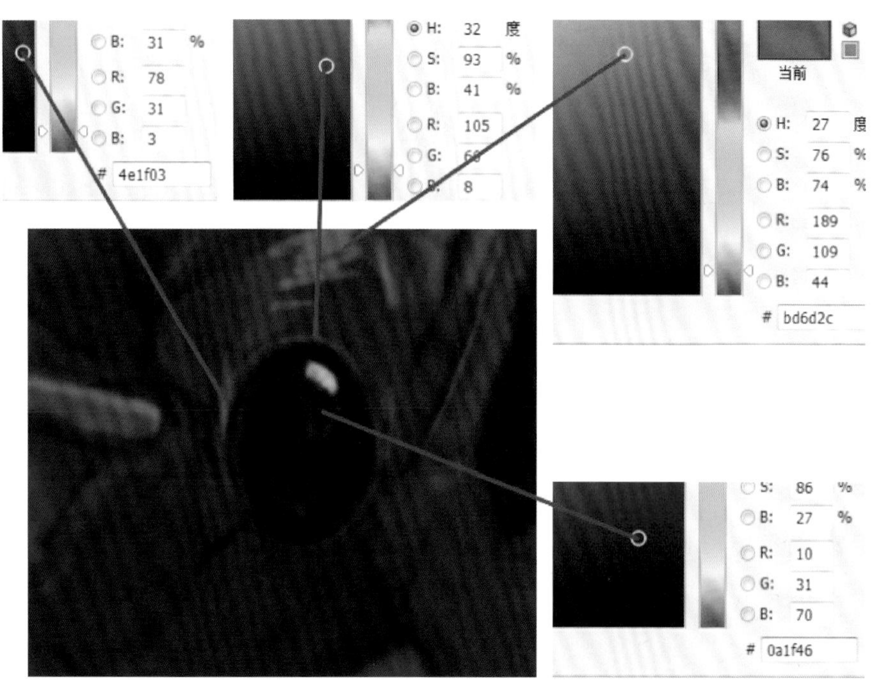

图2-9 铺设眼睛底色

画面基础色绘制完成后，蝉的体积感、蝉与树叶的关系已经基本确定，目前画面的问题主要有两个：一是画面笔触太过明显，二是画面整体偏暗（图2-10）。

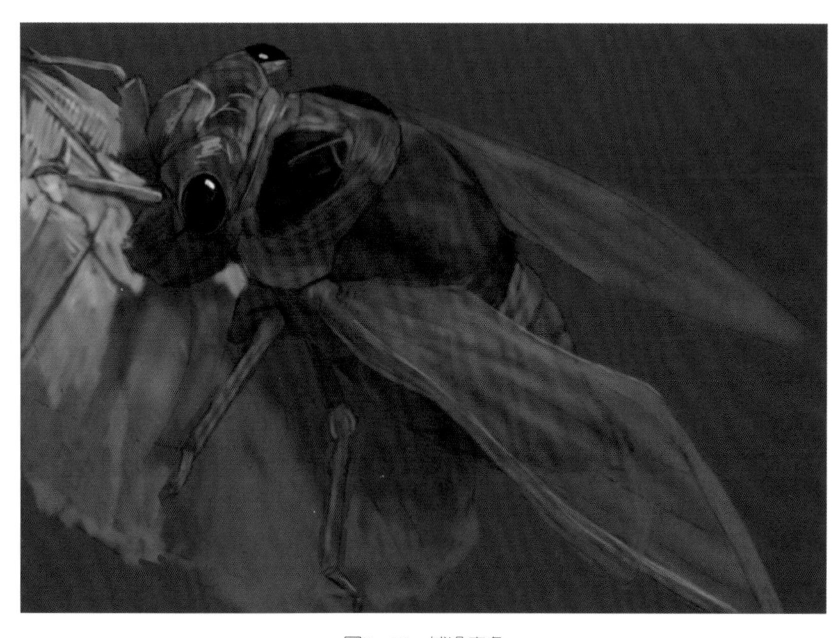

图2-10 铺设底色

图2-11 新建塑造图层

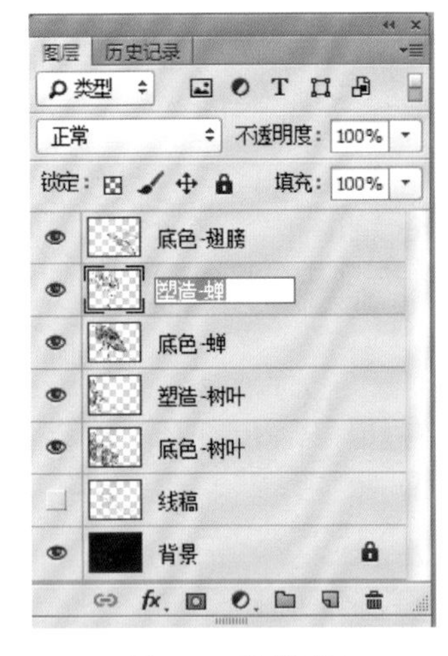

图2-13 新建图层

2.1.5 基础塑造

① 分别新建“塑造-蝉”“塑造-树叶”图层并合理放置其位置（图2-11）。

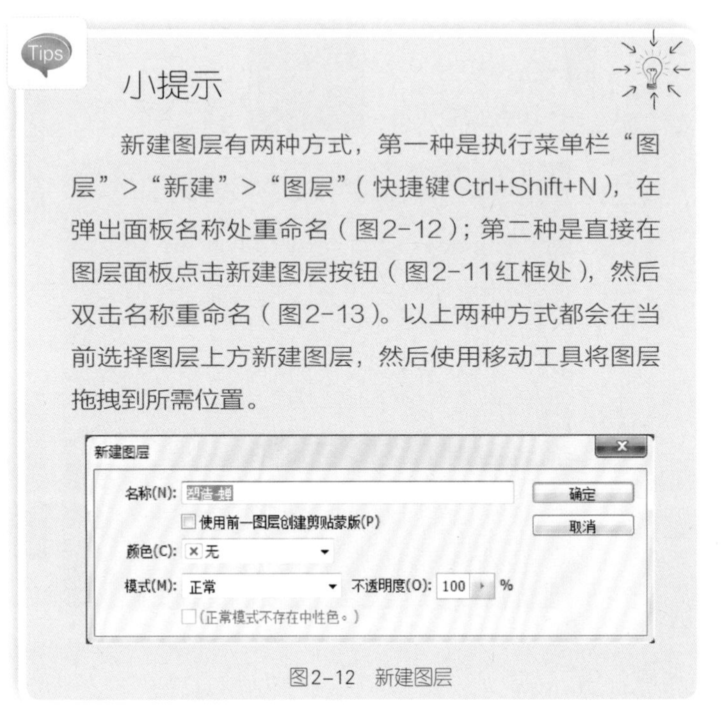

Tips

小提示

新建图层有两种方式，第一种是执行菜单栏“图层”>“新建”>“图层”（快捷键Ctrl+Shift+N），在弹出面板名称处重命名（图2-12）；第二种是直接在图层面板点击新建图层按钮（图2-11红框处），然后双击名称重命名（图2-13）。以上两种方式都会在当前选择图层上方新建图层，然后使用移动工具将图层拖拽到所需位置。

图2-12 新建图层

② 从蝉的颈部开始进行局部刻画，提亮画面（R：219、G：118、B：118和R：207、G：137、B：60），此时依然使用选择RGB数值颜色与吸管工具拾取颜色相结合的方法（图2-14），塑造时可适当降低画笔流量，以利于笔触融合。

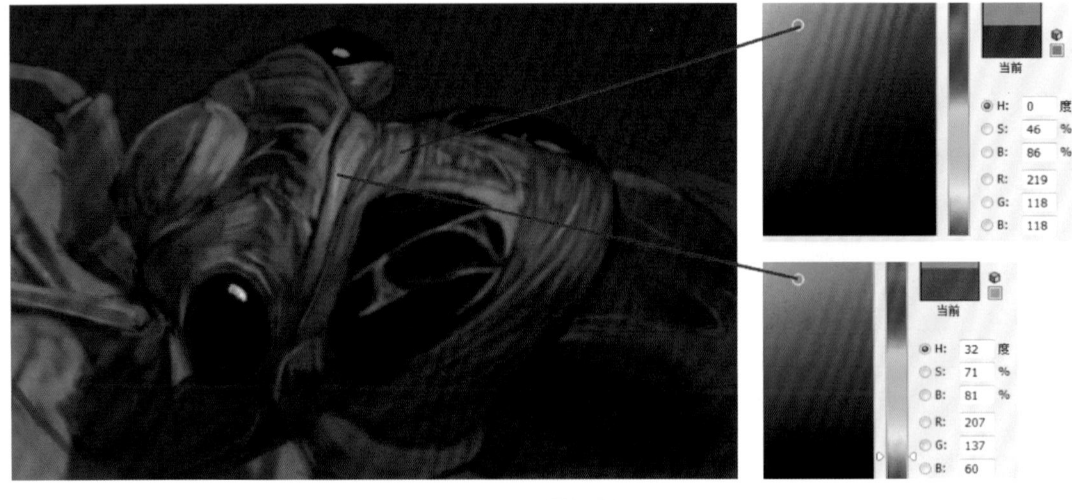

图2-14 局部塑造

③ 从局部开始进行基础塑造，新建图层并命名为“塑造-翅膀”图层（图2-15 ~ 图2-19）。

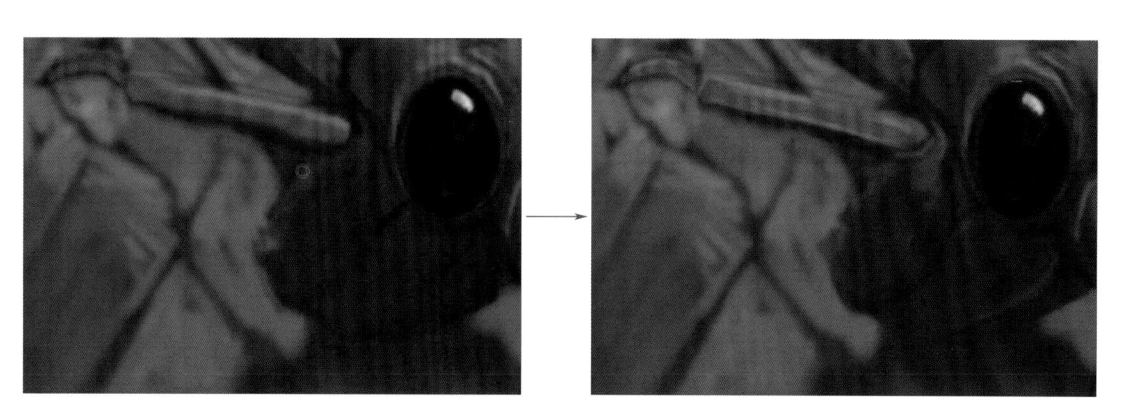

图2-15 基础塑造一

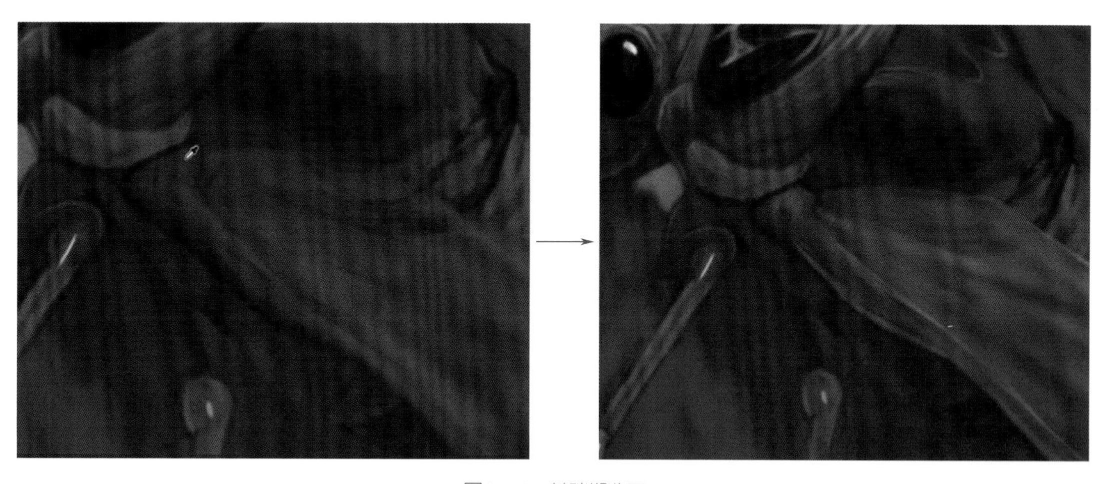

图2-16 基础塑造二

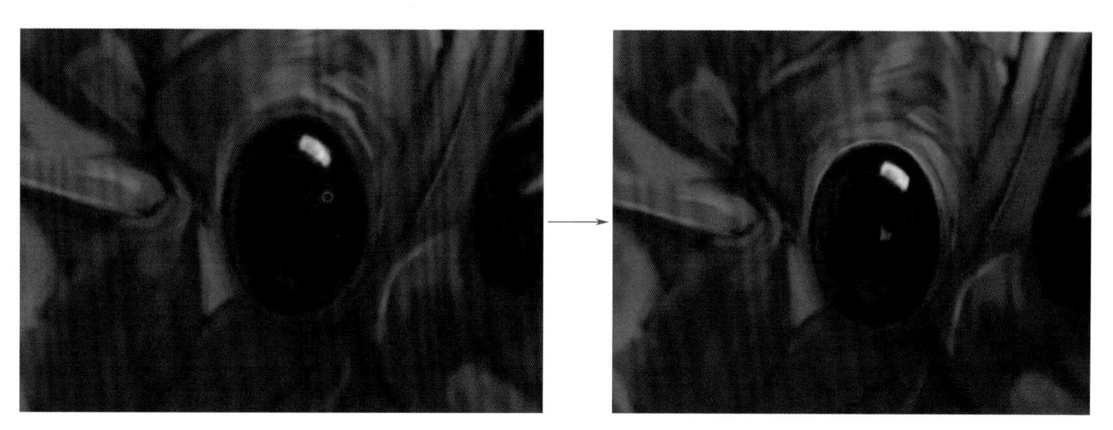

图2-17 基础塑造三

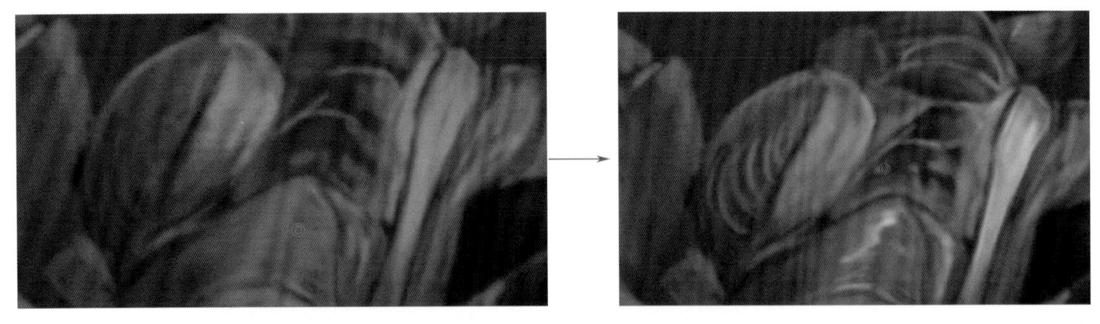

图2-18　基础塑造四

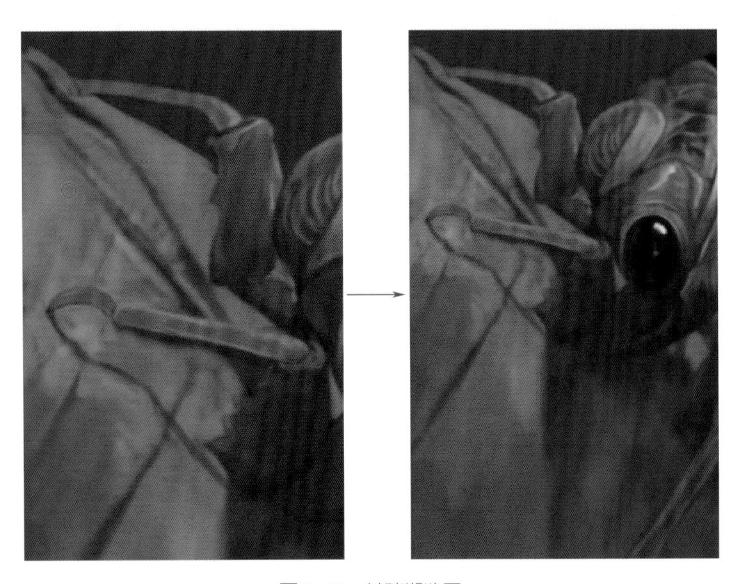

图2-19　基础塑造五

④ 继续进行第二遍基础塑造，通过本次塑造基本建立画面整体的体积感和空间感，同时对结构的穿插衔接做更细致的推敲，塑造的同时对整体画面提亮（图2-20～图2-22）。

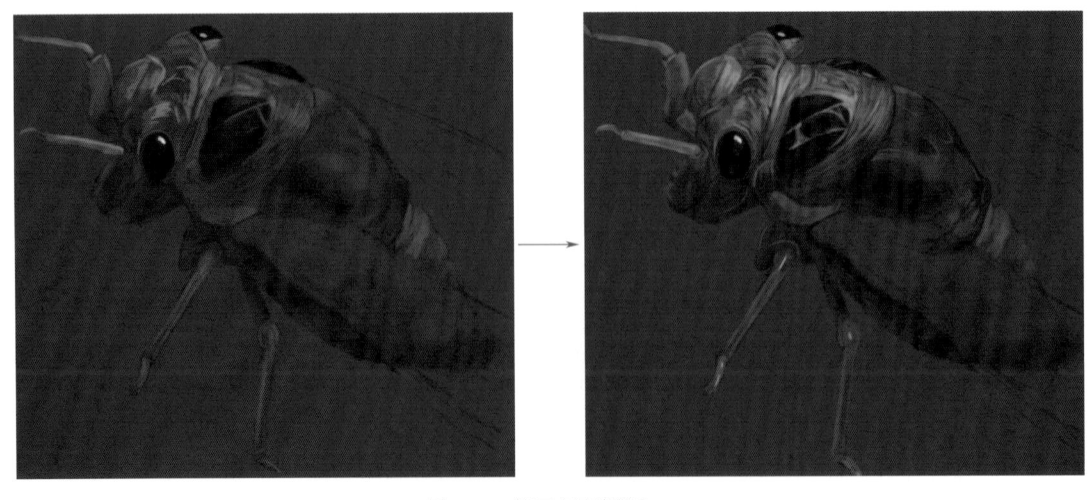

图2-20　第二遍基础塑造一

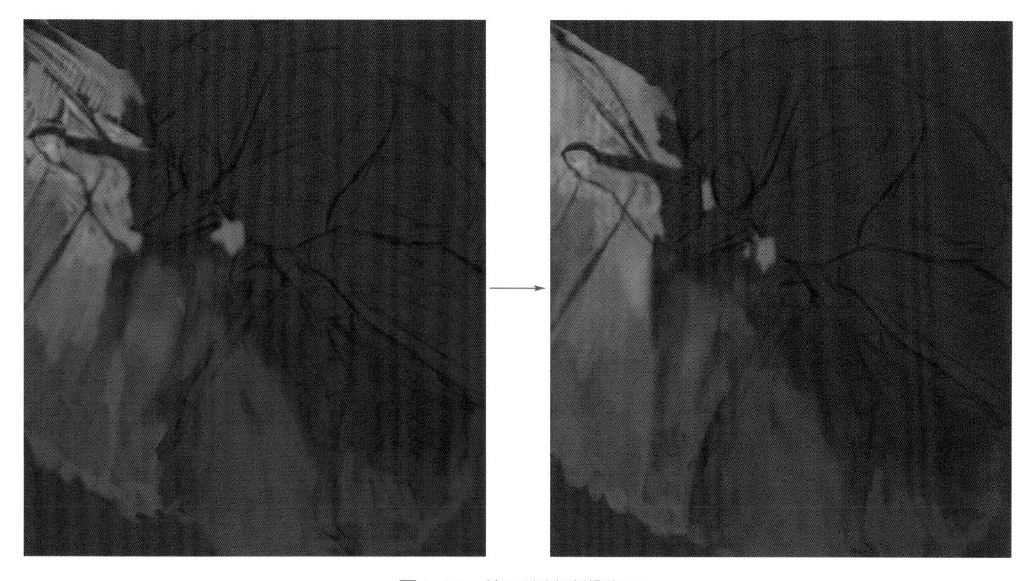

图2-21　第二遍基础塑造二

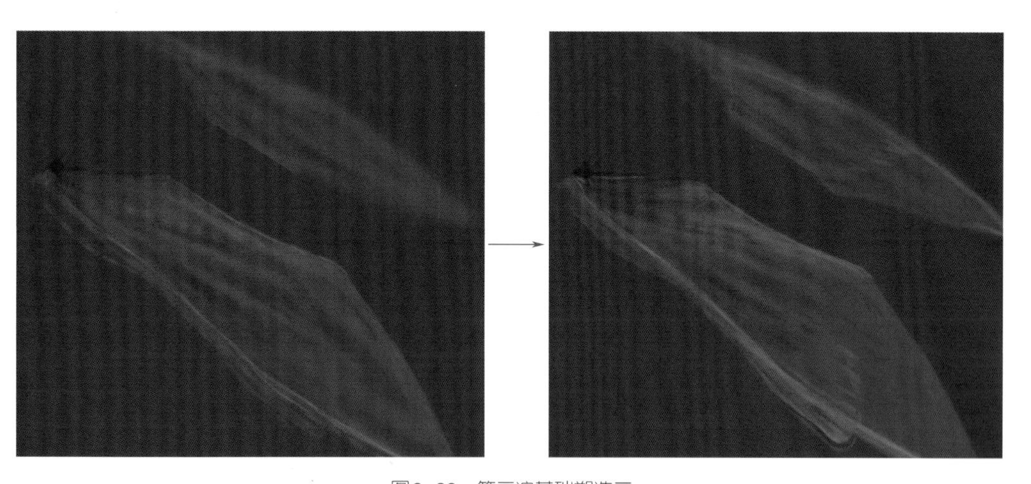

图2-22　第二遍基础塑造三

⑤ 底色层（图2-23）与塑造层（图2-24）对比。

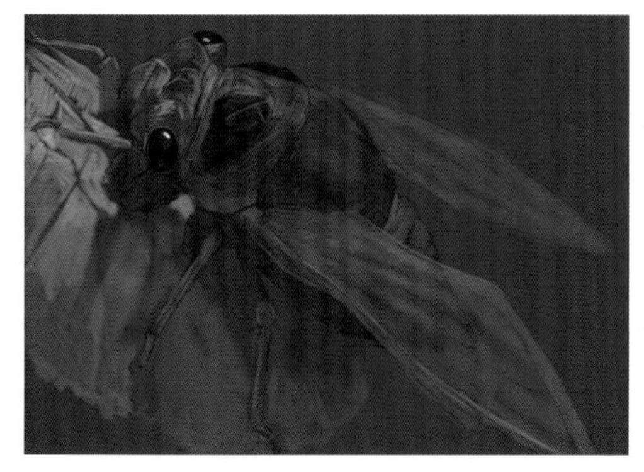

图2-23　底色层显示

图2-24　塑造层显示

2.1.6 深入刻画

① 分别新建“深入-蝉”“深入-树叶”“深入-翅膀”图层并合理放置其位置（图2-25）。

② 从局部开始进行第一遍深入刻画，以眼睛为例，首先对眼睛的高光形状、明度进行强化，使其更锐利，然后刻画眼睛的反光，并刻画眼睛与眼眶的嵌套关系及眼眶周边的结构层次（图2-26）。

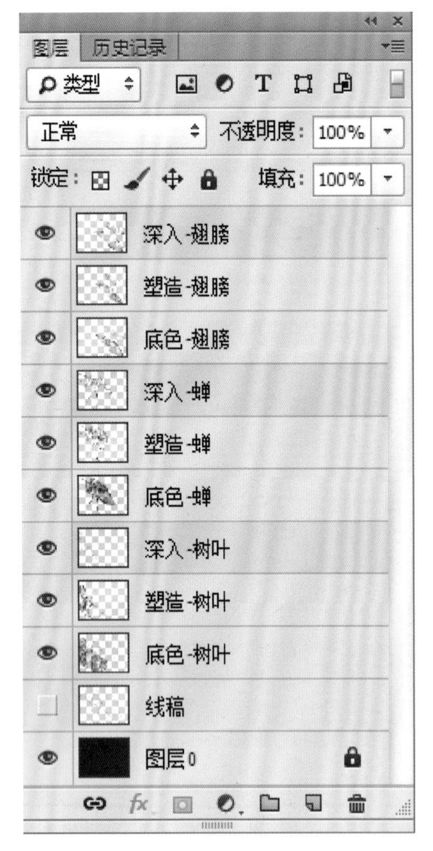

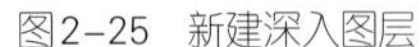

图2-25 新建深入图层

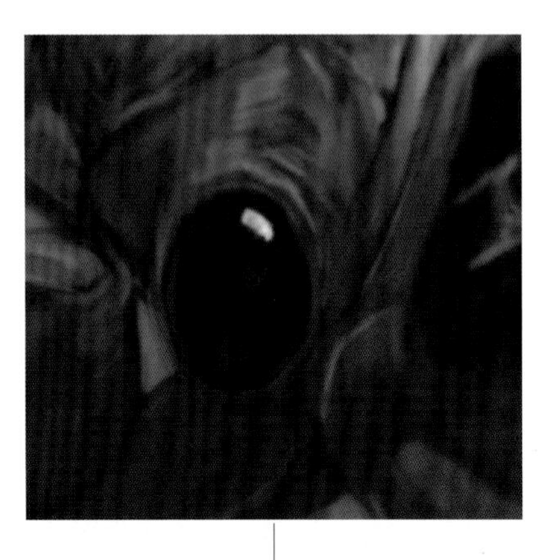

图2-26 深入刻画眼睛

③ 第一遍深入刻画完成后的各图层内容如下（图2-27 ~图2-35），通过分层内容可知，各层级逐渐深入，并通过局部刻画、细化结构关系、亮部提亮、暗部刻画反光、丰富画面色彩关系等步骤最终呈现出本次深入刻画效果。

通过图层叠加效果对比可见，第一遍深入刻画将画面细节绘制较为充分，不但将蝉的身体部分的复杂图案、颜色加以刻画，还将蝉的各个腿足进行刻画，将其反光、高光深入描绘。翅膀部分重点刻画了翅膀的基本纹路和小翅部分。另外对蝉与树叶的关系进行了深入刻画，如投影的处理、叶子损坏部分的刻画等（图2-36）。

④ 通过分别新建“深入2-蝉”“深入2-树叶”图层进行刻画，并对“深入-翅膀”图层进行再次深入刻画（图2-37）。

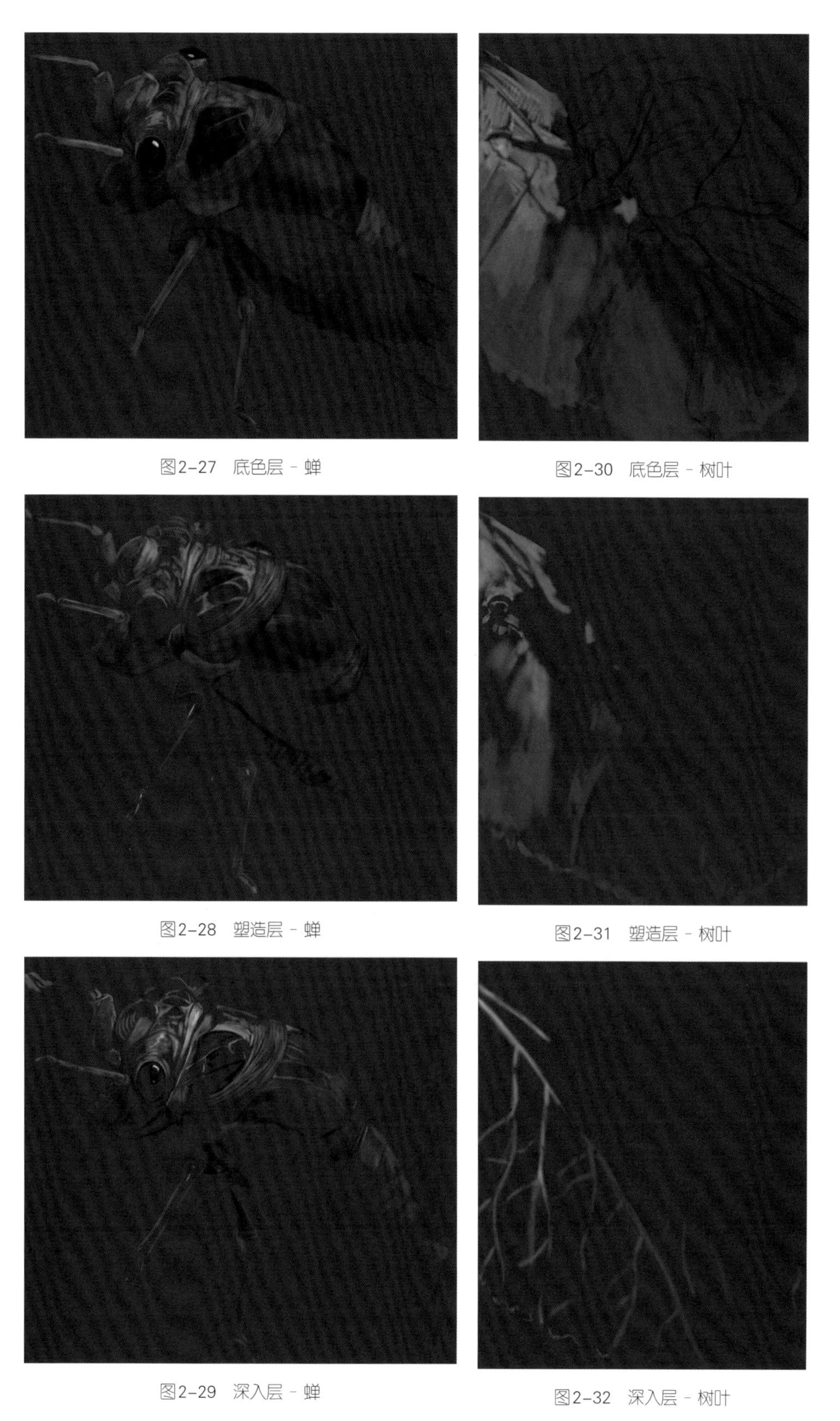

图2-27 底色层 - 蝉

图2-28 塑造层 - 蝉

图2-29 深入层 - 蝉

图2-30 底色层 - 树叶

图2-31 塑造层 - 树叶

图2-32 深入层 - 树叶

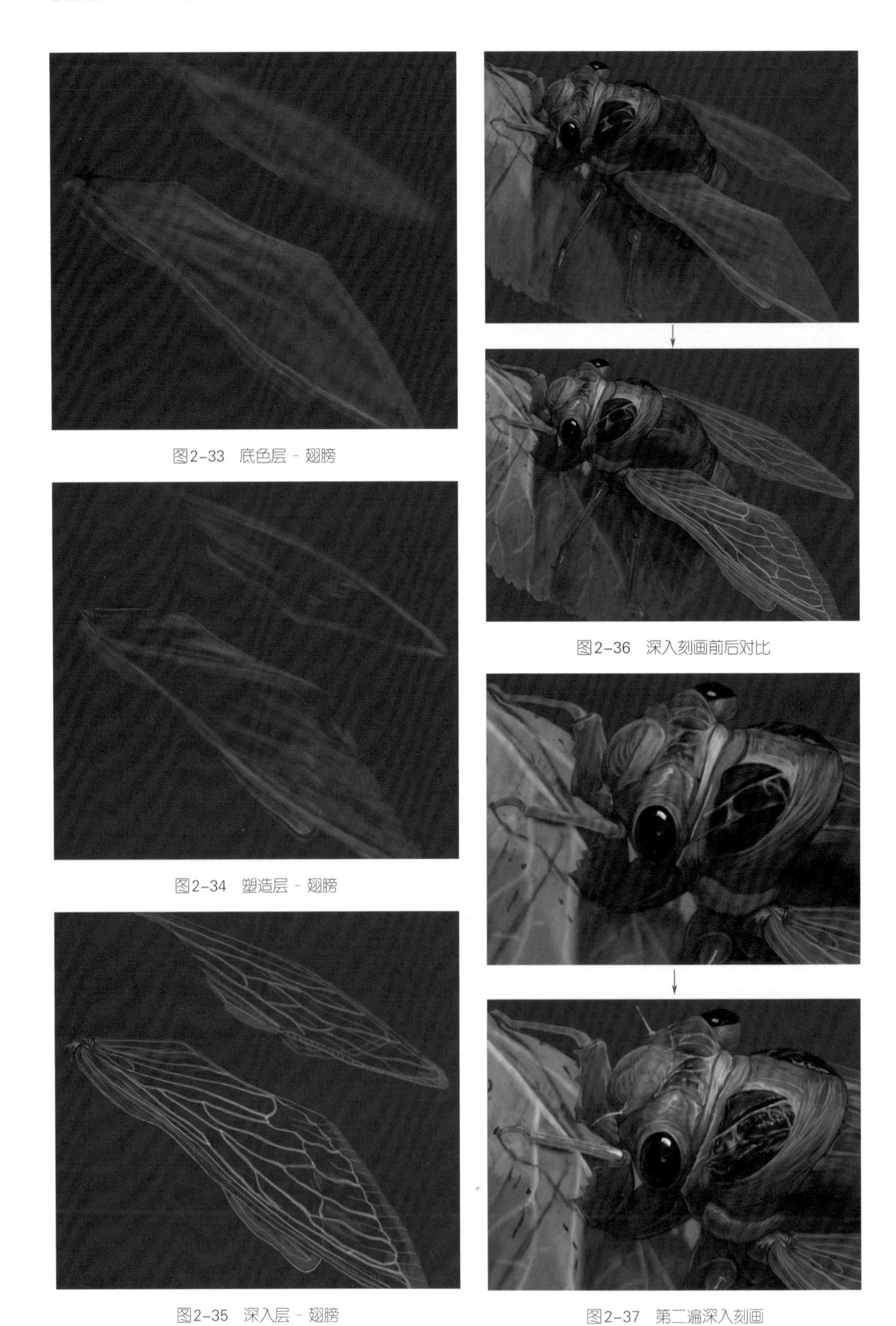

图2-33　底色层 - 翅膀

图2-34　塑造层 - 翅膀

图2-35　深入层 - 翅膀

图2-36　深入刻画前后对比

图2-37　第二遍深入刻画

图2-38　深入刻画完成

由再次深入刻画的效果可见，画面细节已经十分充分，无论是蝉背部的纹理、图案，还是蝉腿部的硬刺、绒毛，以及树叶的破损、投影的虚实关系、叶子脉络的刻画，都比较完善。整体上，画面基本的虚实关系尚可，还有继续处理的空间（图2-38）。

⑤ 质感刻画。质感刻画可以简单概括为为每一部分分别新建质感图层，然后使用有颗粒感的笔刷绘制画面表层的颗粒质感。

表层颗粒感是写实绘画比较常见的绘制内容，这主要是由写实物体表面的凹凸、皮肤毛孔的分布、杂色杂点的存在、空气灰尘的阻隔、光线的折射等原因造成的。绘制表层颗粒感可以选择外置笔刷，也可选择系统自带笔刷。本案例使用的是系统自带的笔刷，主要使用的是“喷枪硬边低密度粒状”笔刷，通过修改画笔设置，实现想要的效果（图2-39）。

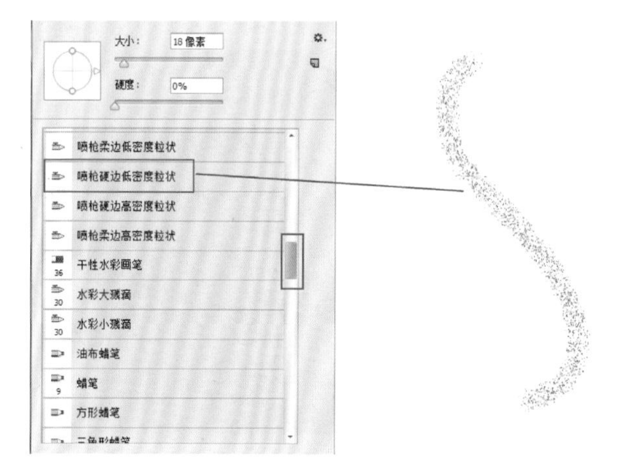

图2-39　笔刷选择

在画笔工具模式下点击画笔设置面板，勾选散布选项，相关设置如图2-40所示。

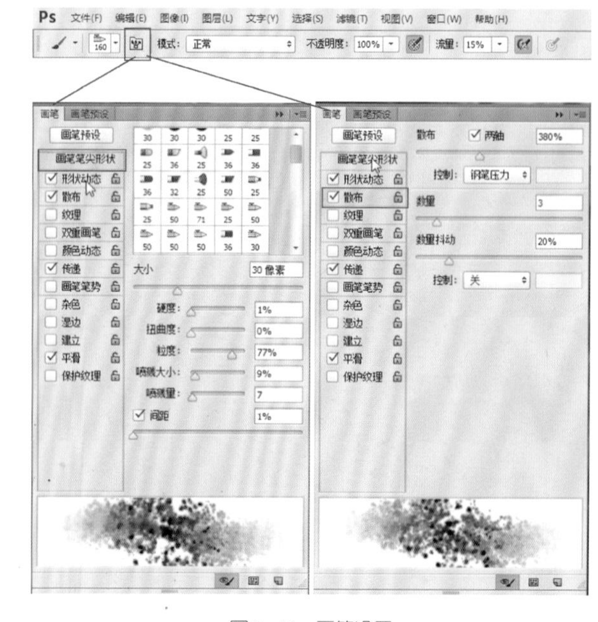

图2-40　画笔设置

质感层绘制的基本方法是选取各部位最亮的颜色和较重的颜色交替绘制表层，制造颗粒感。质感层绘制完成后需注意画面的虚实对比，重点绘制亮部和明暗交界线前后，暗部少画或画完使用模糊工具模糊。各部位对比如图2-41～图2-43所示。

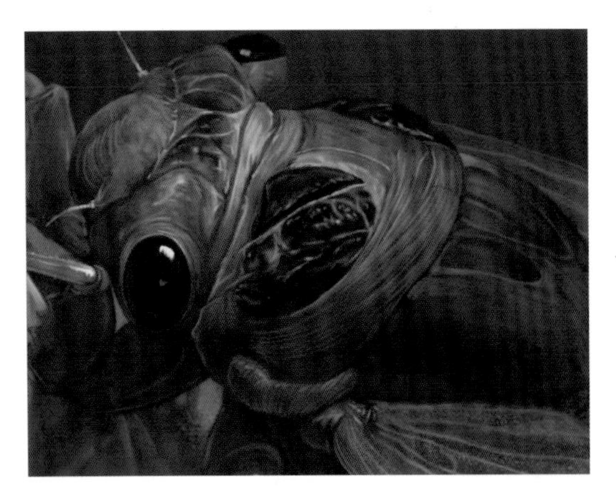

图2-41　质感绘制一

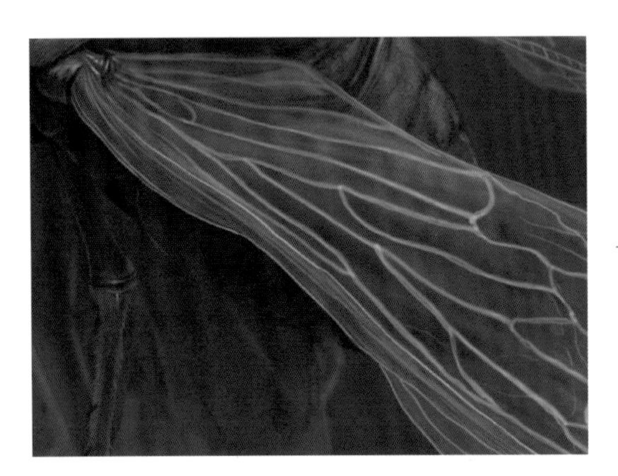
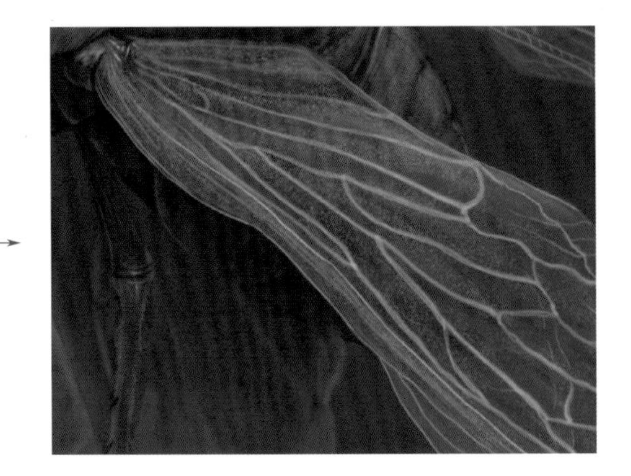

图2-42　质感绘制二

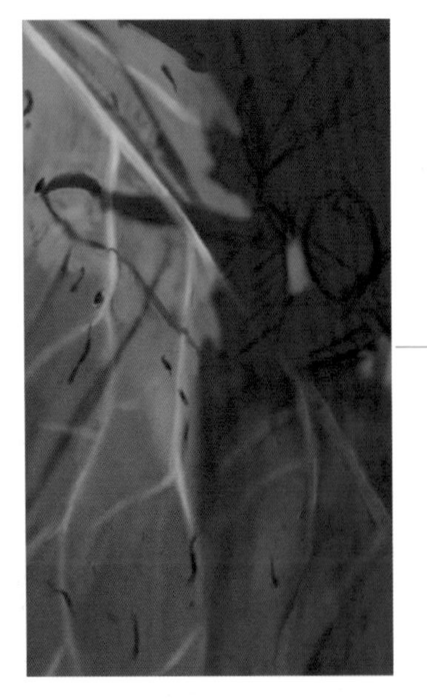
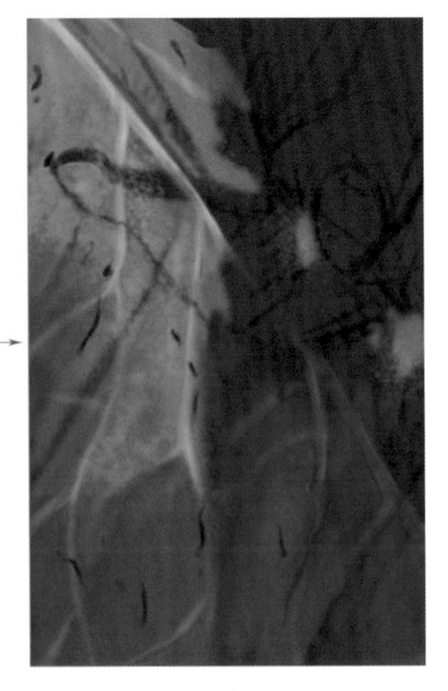

图2-43　质感绘制三

质感图层绘制完成效果如图2-44所示。

图2-44 质感绘制完成

⑥ 图层整理。在质感图层绘制完成后，图层面板已经累加到十几个图层，此时应对图层进行分组整理，以便管理（图2-45）。

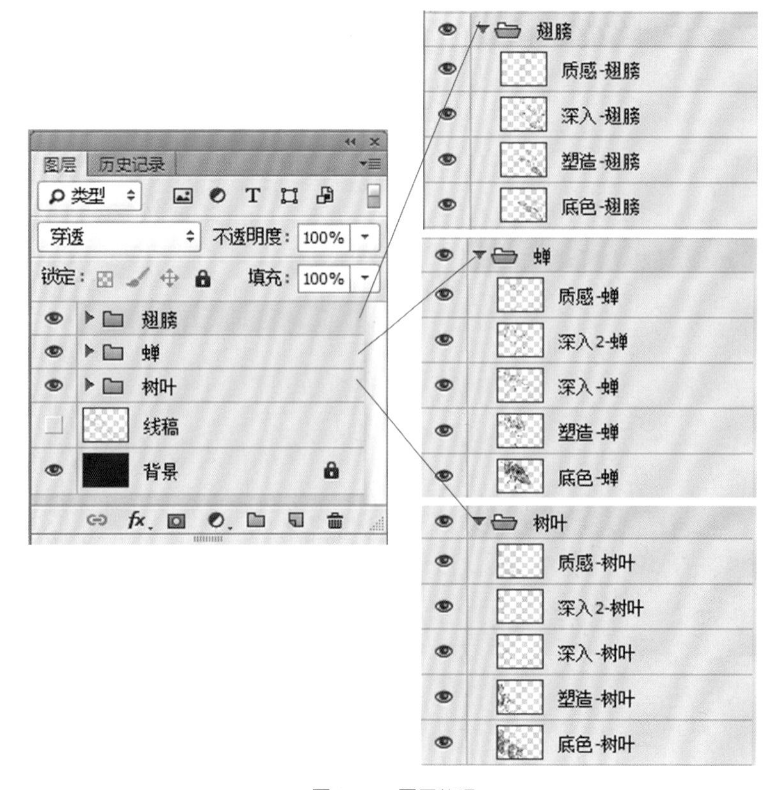

图2-45 图层整理

小提示

新建图层组有三种方法，一是执行菜单栏“图层”>“新建”>“组”（图2-46）；二是点选图层面板的“新建组”图标（图2-47）；三是在图层面板按键盘Ctrl键点选若干图层，再按快捷键Ctrl+G，快速将所选图层放置到新建组中。

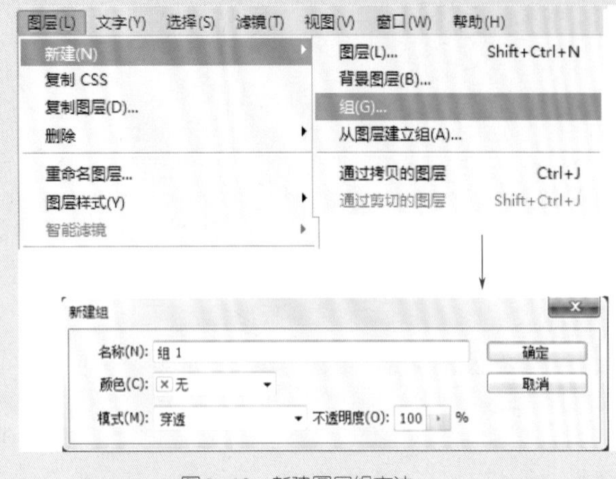

图2-46 新建图层组方法一

图2-47 新建图层组方法二

2.1.7 作品完成

本步骤的思路是先执行盖印可见图层，再对新的盖印图层进行虚实关系处理和画面整体效果调节。

① 在执行盖印图层之前，对背景层画面的四个角简单加重（柔边圆笔刷，不透明度100%、流量13%、大小1848像素，R：9、G：15、B：5），形成一定的空间纵深感，使得视觉中心更加集中。然后，执行盖印可见图层（图2-48），把所有图层拼合后的效果变成一个图层，但是保留了之前的所有图层。

图2-48 盖印图层

小提示

执行快捷键Ctrl+Alt+Shift+E盖印所有可见图层；执行Ctrl+Alt+E盖印所选图层。盖印图层的优点是既可以很方便地对画面整体进行调整，又不破坏原有分图层。

② 使用模糊工具对画面暗部进行模糊，再使用光圈模糊（菜单栏“滤镜”>“模糊”>“光圈模糊”）处理画面，强化虚实效果，增强画面感（图2-49）。

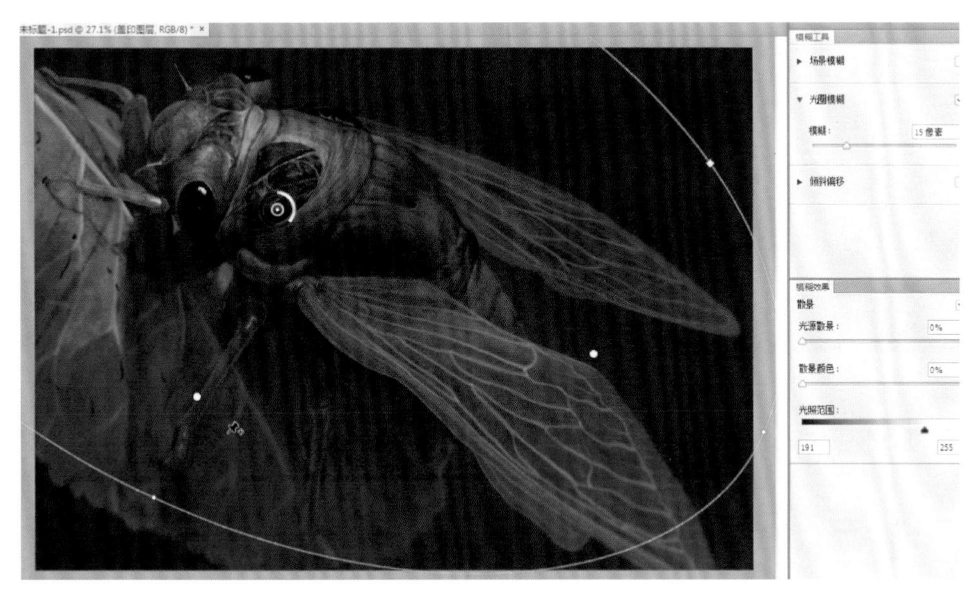

图2-49 光圈模糊

③ 绘制完成（图2-50 ~图2-55）。

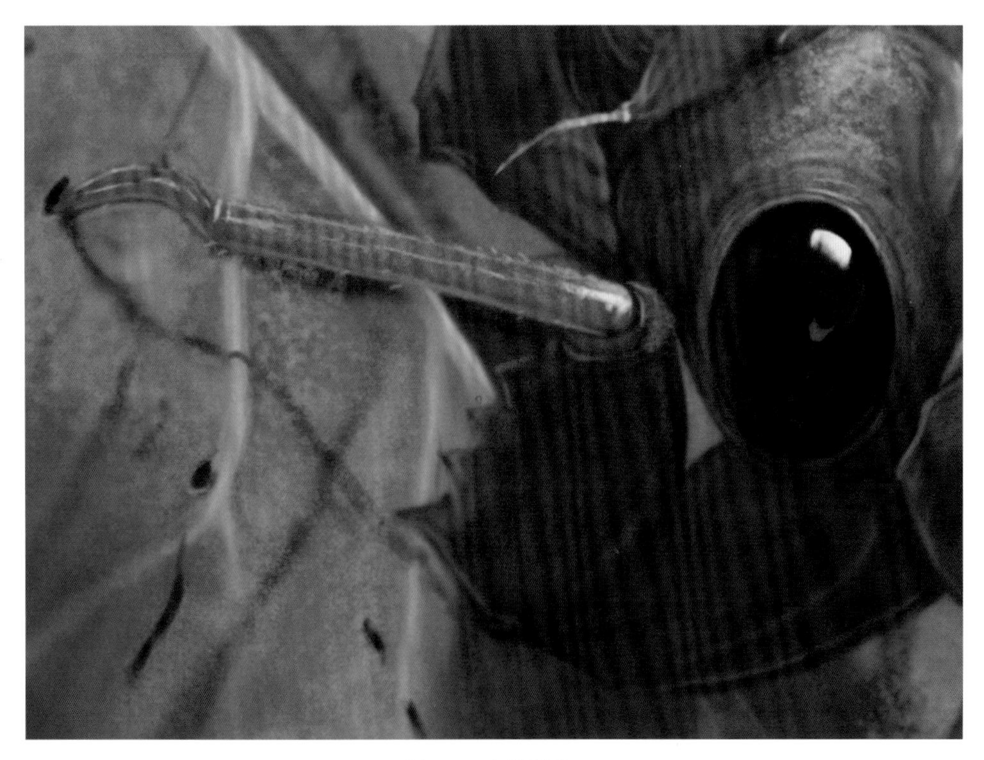

图2-50 局部细节一

图2-51　局部细节二

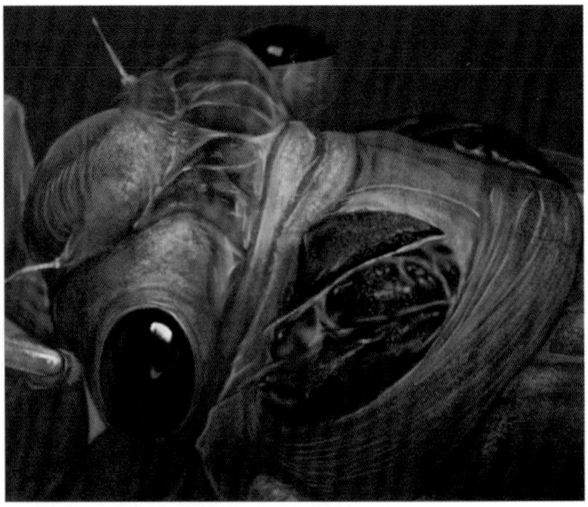

图2-52　局部细节三

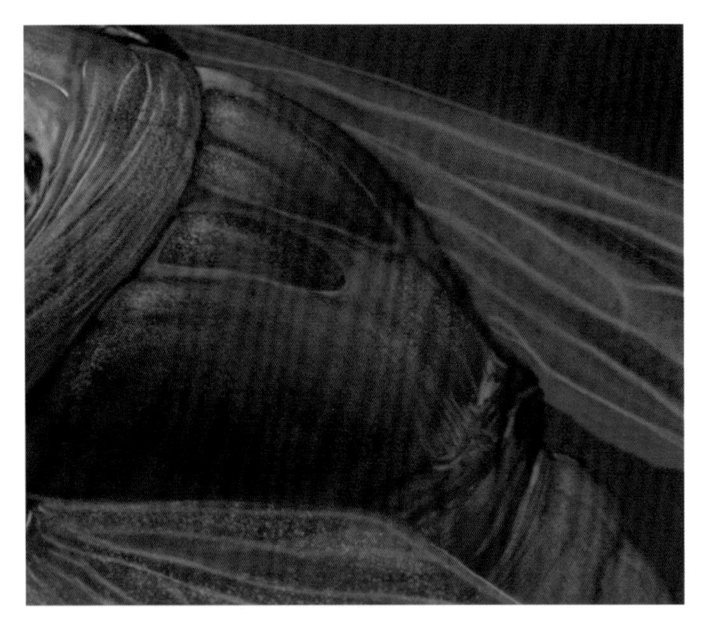

图2-53　局部细节四

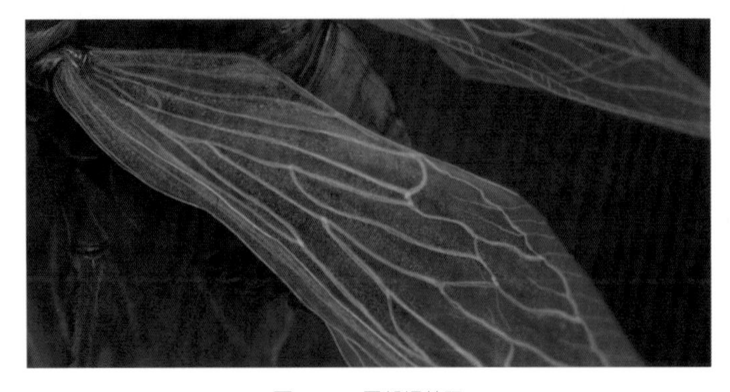

图2-54　局部细节五

图2-55 作品完成

2.2 《大漠胡杨》的创作

本案例为场景插画绘制，选择的是沙漠中的胡杨林风景。胡杨林特征明显、色彩浓郁、寓意深远，其生长于沙漠和戈壁，因生命力顽强而被赞誉为“沙漠英雄树”。人们对胡杨树的评价最广为人知的是“生而千年不死，死而千年不倒，倒而千年不朽”。

在案例绘制过程中使用素材合成的方法，素材合成法是数字插画创作过程中常用的方法。

2.2.1 绘前分析

本案例绘制的是胡杨林，在构思画面时可以预判画面的主体因素：沙漠、树干、树叶、天空，等等。画面要表达的是在沙漠中胡杨树顽强的生命力和浓郁的色彩，因此时间、地点、主体、主题是构思的重点。本案例准备重点描绘一颗胡杨树，背景放置枯萎倒下的树枝、树干，光线设定为黄昏或正午。

2.2.2 确定技法——素材合成法

素材合成法是绘制场景时极为常见的方法，指的是在画面的整体或局部，利用现成素材，

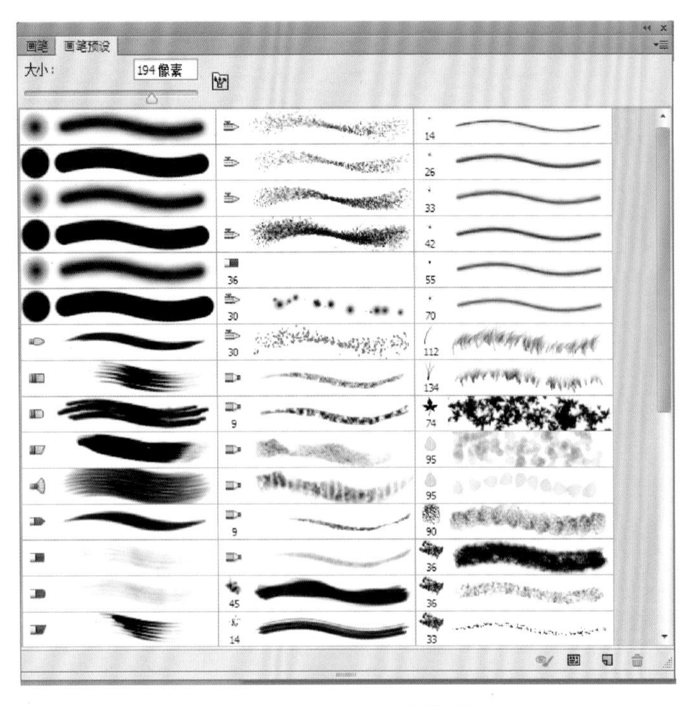

图2-56　Photoshop内置画笔

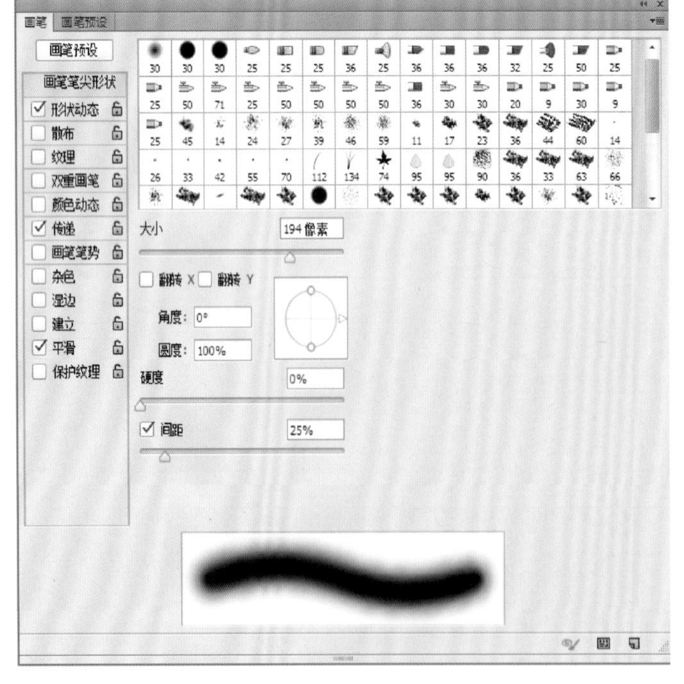

图2-57　画笔修改选项

通过修改使用或直接使用到画面中，可以提高创作效率的方法。具体的使用方法有直接使用、修改后使用、利用图层合成功能叠加使用等。素材合成法并不仅仅运用于场景绘制合成，在绘制生物皮肤时也可以利用素材快速合成细腻而深入的画面效果。

素材合成法有两个注意事项，首先是这种方法一般用在绘制的中后期，便于快速产生画面效果；其次是素材合成法应当仅作为画面的效果营造或局部借鉴，目的仅仅是为了提高绘画效率，不应沉溺于此法。

2.2.3　素材准备

根据本案例的预设，需要准备的素材应当包含天空、树皮纹理、树叶、沙漠等。素材准备的方式有许多，如实地考察拍摄、网络下载收集、日常归纳整理等。

2.2.4　自制笔刷

尽管数字绘画只是Photoshop功能模块之一，但其绘画功能极其强大和丰富。Photoshop内置的基础笔刷即可实现丰富的绘画效果（图2-56），并且对每一种笔刷还可根据需求做进一步修改（图2-57），以提高绘画效率。画笔内置笔刷素材库，允许载入外置笔刷插件（图2-58），载入使用各种笔刷插件后可以快速绘制各种图案图形、模拟自然效果和形态。

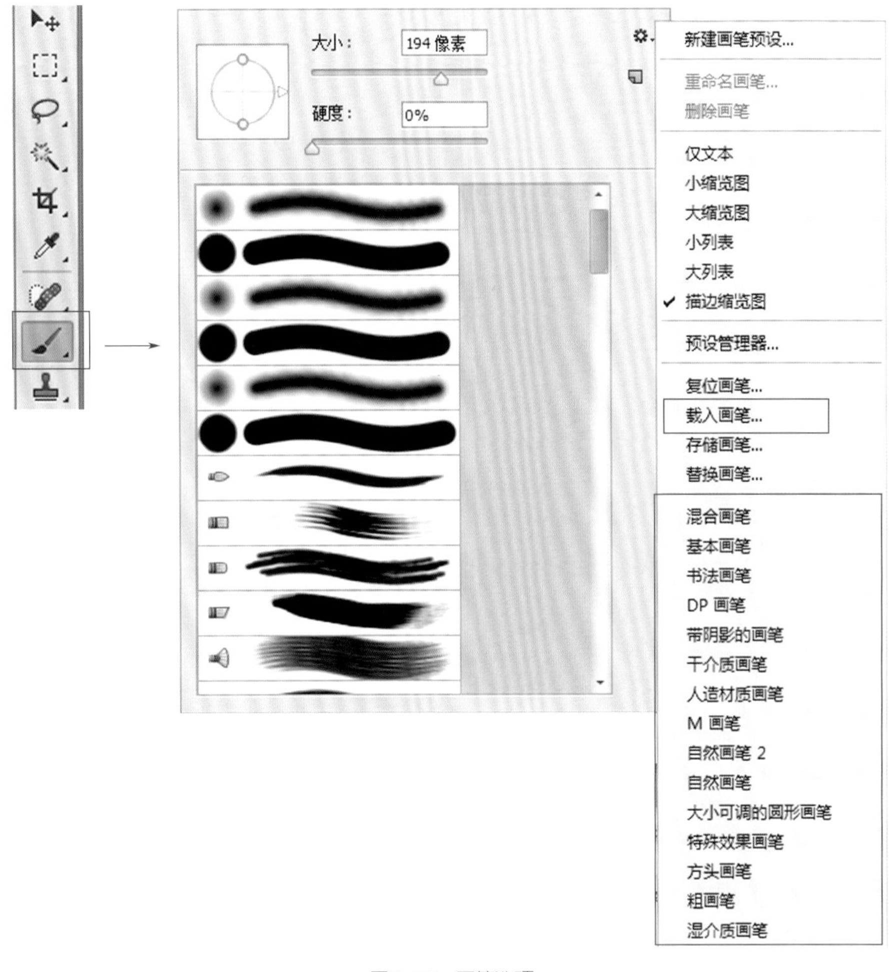

图2-58 画笔选项

小提示

画笔在实际绘制过程中使用最为频繁的功能有两个，一个是拾取画面颜色进行绘制衔接，按快捷键Alt键可以快速切换到颜色拾取器即吸管工具，在画面中点一下需要拾取的颜色即可，松开Alt键切换回画笔工具；二是笔刷大小修改，常规方式是按鼠标右键调节大小，也可按快捷键“[”调小，按“]”调大（当键盘的大写锁定按钮开启时，笔刷光标切换成十字星，不显示笔头大小）。

同时，Photoshop也支持自制画笔笔刷，以满足使用者的多种需求。具体步骤如下。

① 新建文件。设置长宽分别为50毫米、分辨率为100的灰度图（图2-59）。

② 绘制笔刷形状。使用矩形选框工具在画面中心位置拉出一个长方形选框，再使用油漆桶工具填充黑色，之后按键盘Ctrl+D取消选择（图2-60）。

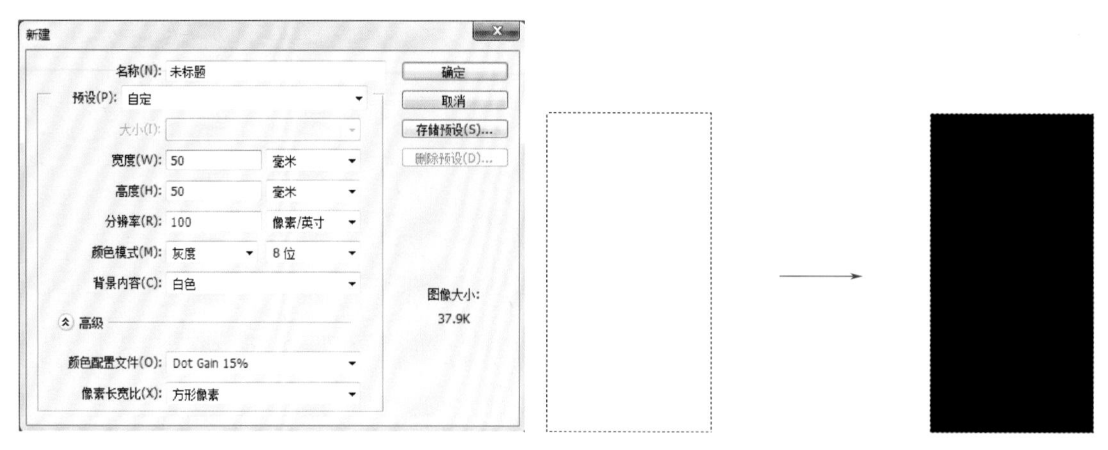

图2-59　新建文件　　　图2-60　绘制笔刷图

小提示

笔刷形状可以是简单的几何形，也可以直接使用图片，一般根据图像精度确定新建文件的大小和分辨率。

③ 笔刷处理。对笔刷边缘进行虚化处理，便于笔触衔接。此处使用的是菜单栏“滤镜”>“模糊”>“镜头模糊”(图2-61)。

④ 定义画笔预设。执行菜单栏“编辑”>“定义画笔预设”，在弹出菜单中为自制画笔命名并点击确定按钮，此时切换到画笔工具，在右键菜单中会出现命名好的自制画笔(图2-62)。

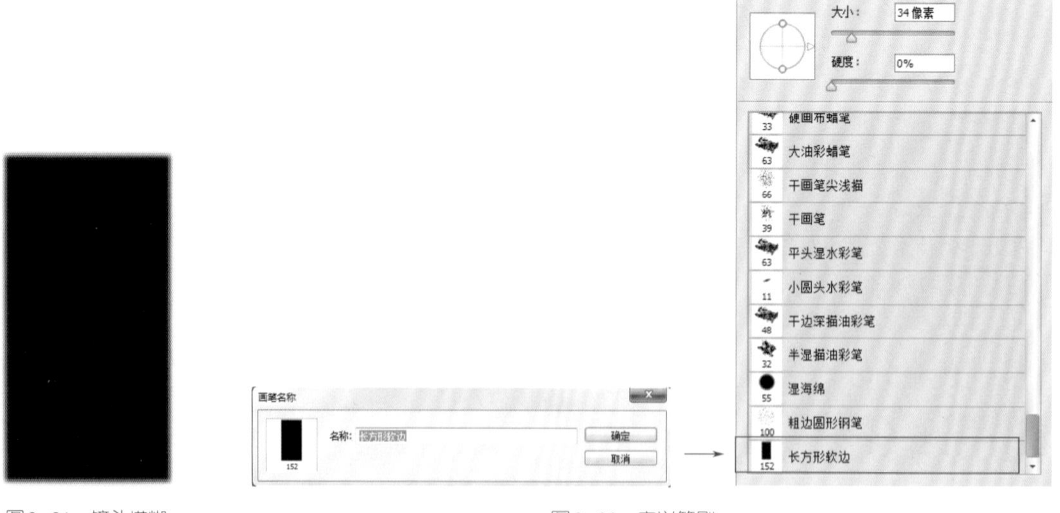

图2-61　镜头模糊　　　图2-62　定义笔刷

⑤ 保存笔刷。点击画笔预设管理器，在预设管理器中找到自制笔刷并单击，然后选择存储设置，选择一个路径并存储为Abr笔刷文件(图2-63)。

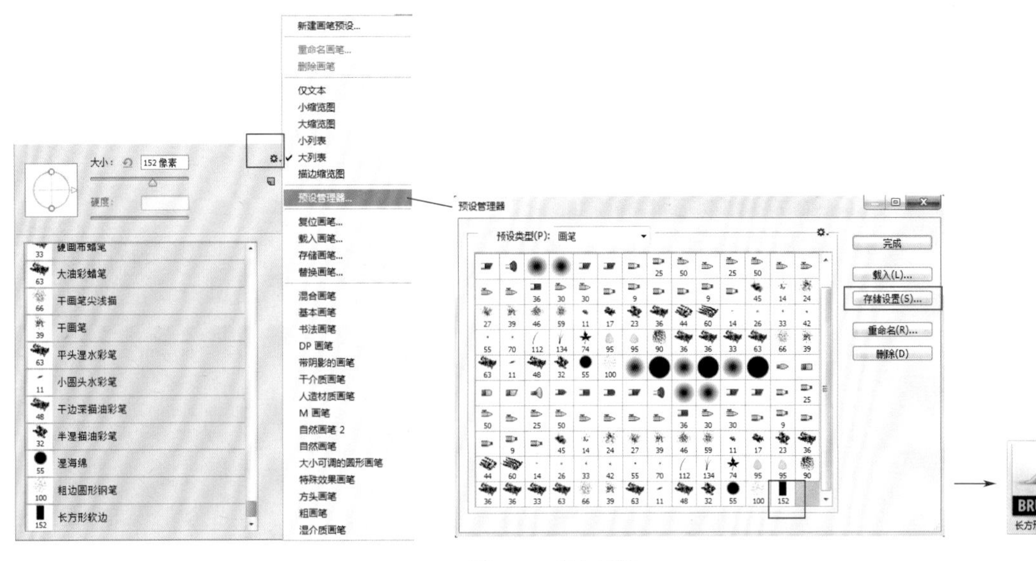

图2-63 保存画笔

小提示

保存好的笔刷可以通过载入画笔按钮进行载入，也可以放置在Photoshop安装文件的笔刷文件夹，每次开启软件即自动加载。路径一般为X:\Program Files\Adobe\Photoshop\Presets\Brushes，其中X为软件所在盘符。

2.2.5 画布起稿

① 执行菜单栏“文件”>“新建”（快捷键Ctrl+N），新建一个A4画布，将文件名称命名为“大漠胡杨”，选择国际标准纸张、A4（图2-64），然后将画布旋转90度（菜单栏“图像”>“图像旋转”>“90度”）。

② 在图层面板新建图层并命名为“线稿”层，选择画笔工具中的长方形软边笔刷，设置笔刷大小为20像素、不透明度为100%、流量为5%，切换到画笔设置面板，将间距设置为10%，点选压力控制按钮（图2-65）。

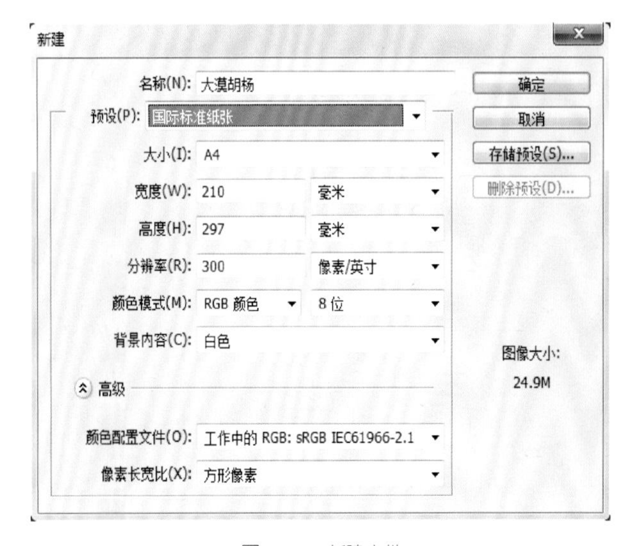

图2-64 新建文件

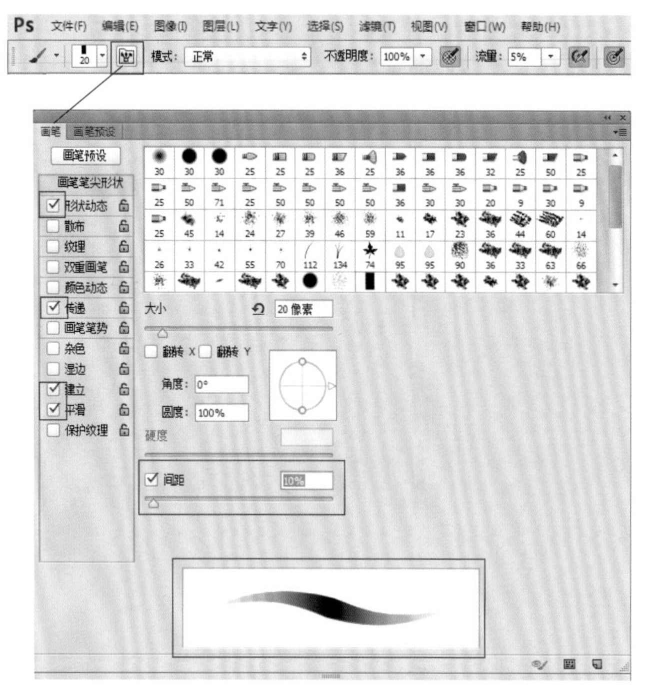

图2-65 画笔设置

小提示

笔刷压力控制按钮分别对应传递、建立、形状动态选项，在画笔属性设置面板勾选和在画笔工具栏点选皆可；修改间距的目的是为了让笔触效果连续，避免出现间隔。间距越小，笔触越连贯圆滑，但过小会加重系统负担造成绘画时的反应迟缓。

③ 在“线稿”层使用纯黑色起稿绘制线稿（图2-66）。

图2-66 绘制线稿

2.2.6 铺设底色

① 将“线稿”图层放置在图层面板的最上方，图层合成模式切换为“正片叠底”。

② 在图层面板依次新建图层并命名为“天空-底色”“沙漠-底色”“树-底色”，使用长方形软边笔刷快速分层铺设底色。其中“天空-底色”层使用的是渐变工具的线性渐变功能（图2-67、图2-68）。

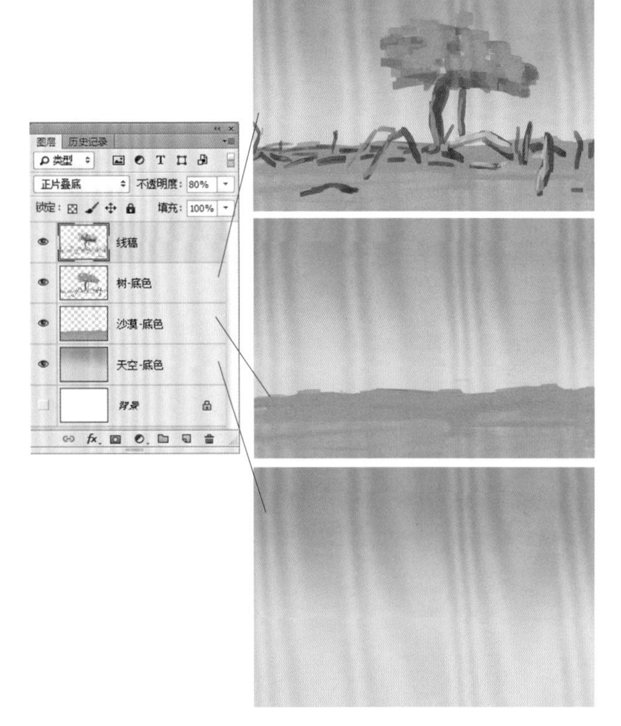

图2-67 底色图层

图2-68 底色铺设

Tips

小提示

渐变工具非常适合用来填充大面积过渡色，此处使用步骤为，先在工具箱点选渐变工具，然后在工具属性栏选择线性渐变模式，点开渐变编辑器，分别单击颜色条下方的色标按钮，分别点击颜色选项打开拾色器，拾取或设定所需的颜色。最后在画面通过拉直线的方式进行线性填充（图2-69）。

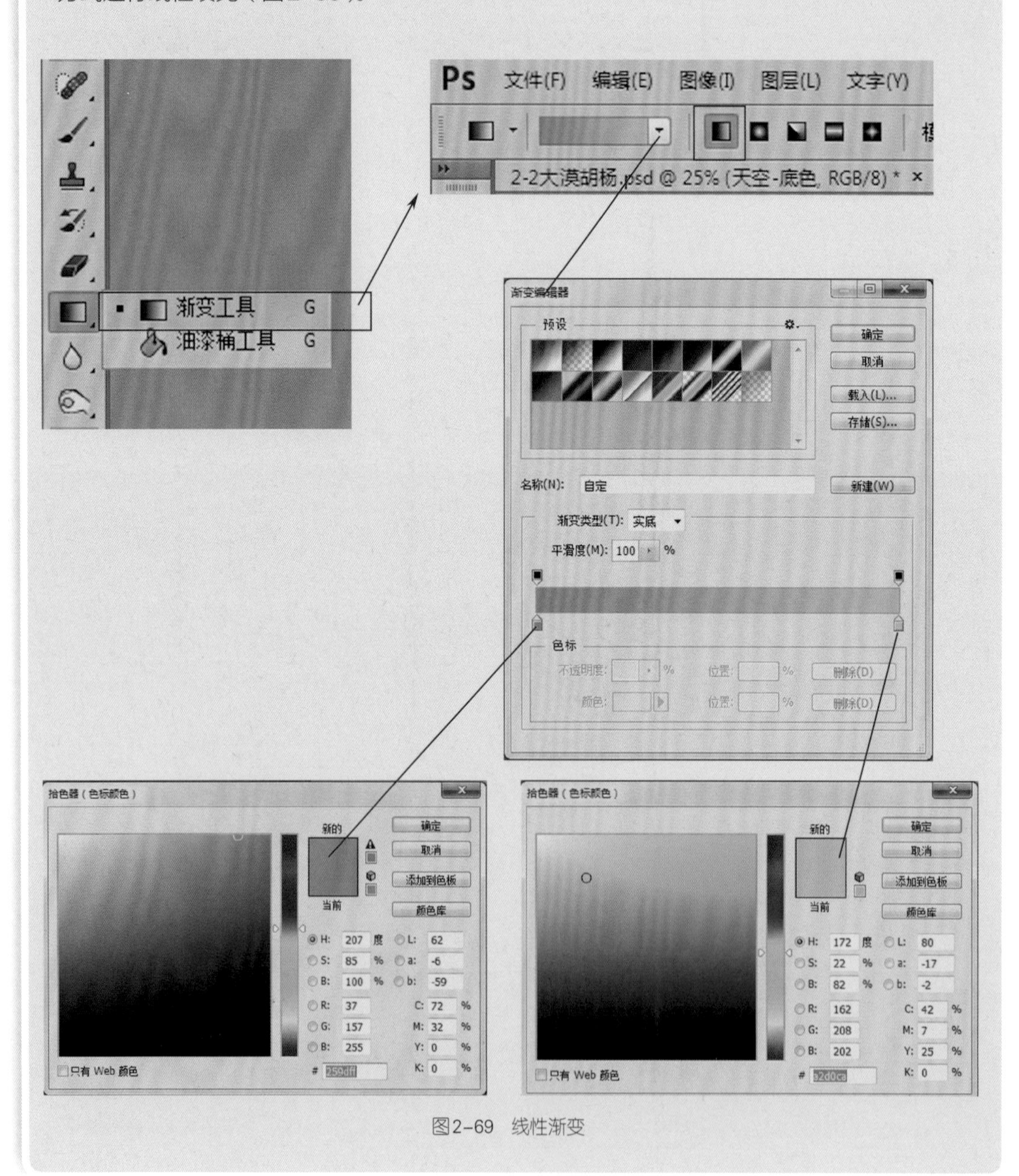

图2-69 线性渐变

③ 分别复制“沙漠-底色”“树-底色”图层，并命名为“沙漠-底色2”“树-底色2”图层，关闭沙漠和树的底色层。在“底色2”图层进一步完善底色。绘制新的底色层时将线稿图层的不透明度降低至25%，逐步减弱线稿对画面的影响（图2-70、图2-71）。

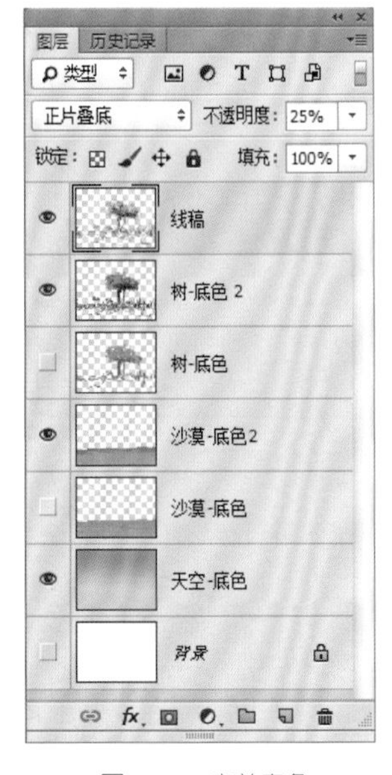

图2-70　完善底色

图2-71　画面底色

2.2.7　基础塑造

基础塑造主要是对胡杨树和沙漠部分进行塑造，天空暂时不作改动。自本步骤开始可关闭线显示稿图层。本案例的整个绘制流程不同于其他案例，每一个新建图层并非空白图层，而是上一步骤图层的复制，这样做的优点是可以很方便地对图层进行调节和修改，而不必考虑对前期图层的影响。

① 分别复制“沙漠-底色2”“树-底色2”图层，并命名为“沙漠-塑造”“树-塑造”图层，关闭沙漠和树的底色层（图2-72）。

② 开始绘制前，先对新建的塑造图层分别进行画面暗部加强（菜单栏“图像”>“调整”>“色阶”，快捷键为Ctrl+L），参数及效果对比如图2-73 ~图2-75所示。

③ 选择“树-塑造”图层，开始进行胡杨树的基础塑造。塑造一般从画面重点位置开始，此处选择的是胡杨树中下部位，使用的工具主要是柔边圆笔刷、自制长方形软边笔刷、拾色器工具和橡皮擦工具。塑造过程中使用的大量颜色都是拾取之前的颜色，同时在暗部加入一些对比色。本步骤的重点是基础关系，包括基础的明暗关系、基础的结构穿插关系，对此采取边画边找形、边塑造边调整、边添加边擦除的方法。

图2-72　新建塑造层

图2-73　树 - 塑造图层调整

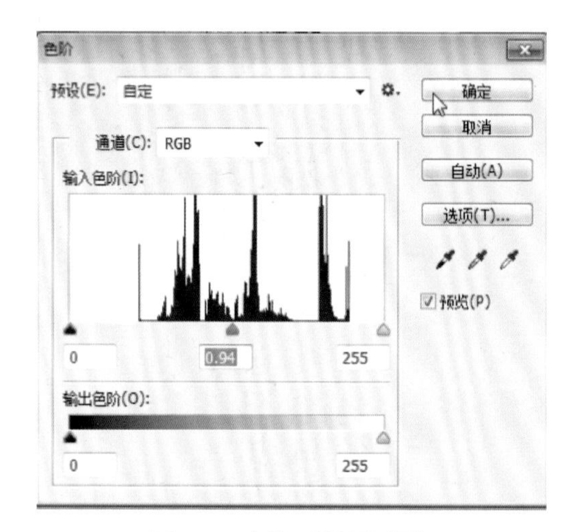

图2-74　沙漠 - 塑造图层调整

图2-75　色阶调节对比

从画面重点的胡杨树干开始绘制，树木的塑造相对简单，但修形和理清结构穿插才是本阶段的重点（图2-76）。

图2-76 基础塑造一

根据绘画规律，从视觉重心到画面边缘的塑造应遵循由实到虚的规律，因此主体物周边也需认真刻画，尤其是倒伏的树干与后面树木的穿插关系到画面的空间感（图2-77）。

作为前景的树木刻画需要仔细斟酌，塑造过度会抢夺主体物的视觉点，而过于简单又会违背整体画面近实远虚的规律（图2-78）。

图2-77　基础塑造二

图2-78　基础塑造三

紧挨主体物的树枝需认真塑造找形（图2-79）。

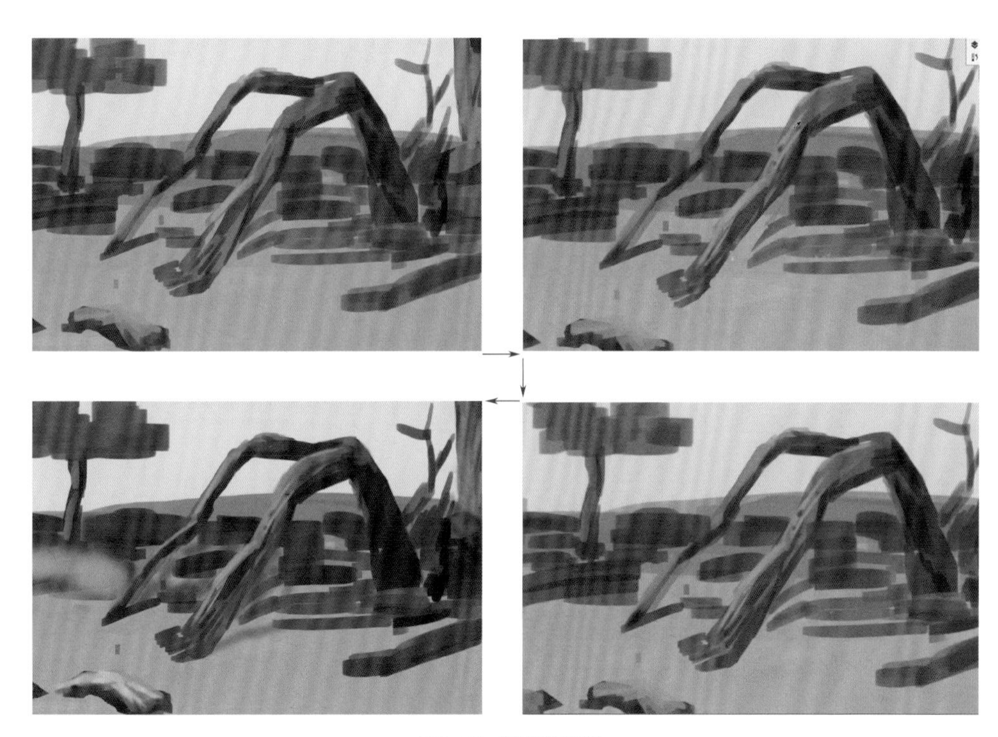

图2-79 基础塑造四

树冠是整个画面颜色最为浓郁的，也是画面的主体部位，在现阶段只需简单寻找层次，不必急于刻画树叶。所谓层次不仅指胡杨树叶的层次，也包含前后两棵树的区分（图2-80）。

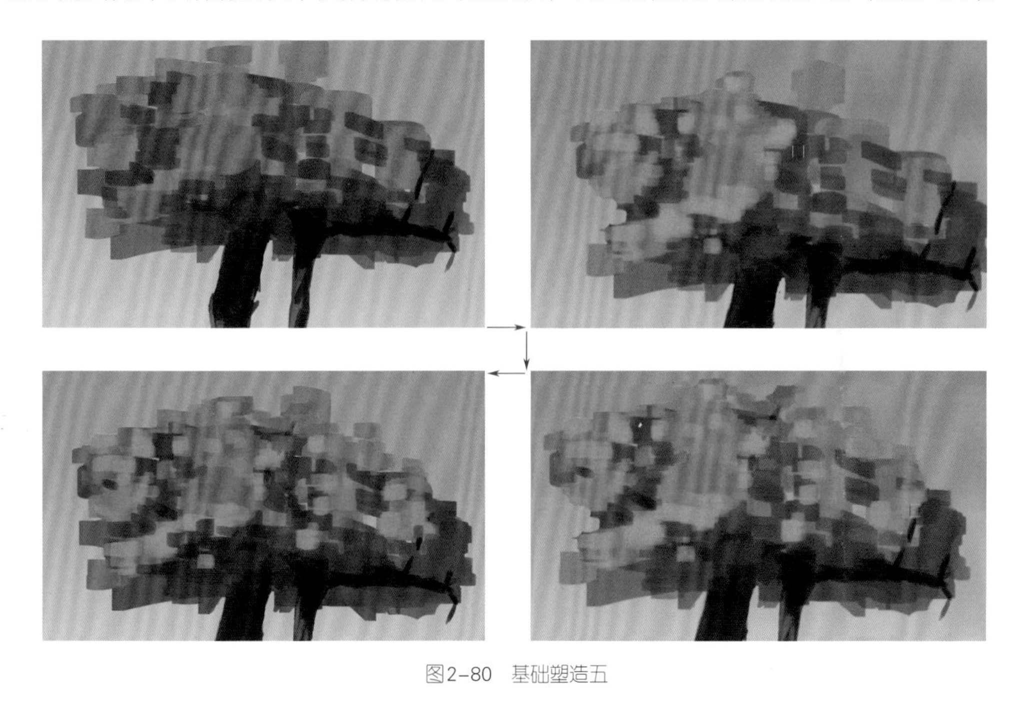

图2-80 基础塑造五

基础塑造前后效果对比如图2-81所示。

图2-81 塑造对比

④ 分别复制“沙漠－塑造”“树－塑造”图层，并命名为“沙漠－塑造2”“树－塑造2”图层，关闭沙漠和树的其他图层（图2-82）。

⑤ 依然选择作为主要物体的胡杨树树干部分开始进行第二遍基础塑造，本次基础塑造除了要继续完善树木的结构穿插之外，需适当补充远景的树木以增加空间感（图2-83）。

画面左侧的枝干穿插复杂，在耐心塑造和区分的同时还要注意投影的处理（图2-84）。

画面右侧枝干的第二遍基础塑造效果如图2-85所示。

⑥ 本阶段不对沙漠做过多改动，主要以处理投影、远处边缘线使其趋于合理性为主（图2-86）。

图2-82 新建图层

图2-83 树－第二遍塑造一

图2-84　树-第二遍塑造二

图2-85　树-第二遍塑造三

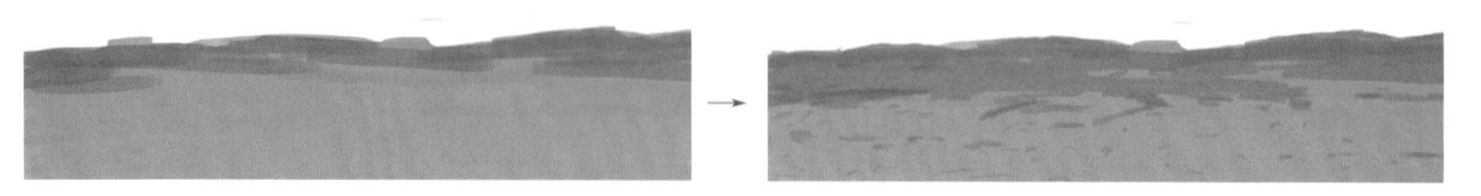

图2-86　沙漠塑造

通过两遍基础塑造，已经基本确立了画面的主次关系和对比关系，同时也将次要内容的位置做了基本摆放，对投影及其合理性也做了简单绘制，两次基础塑造效果对比见图2-87。

图2-87 基础塑造对比

2.2.8 深入刻画

① 在进行深入刻画以前，观察整体画面，发现天空的颜色过渡过于细腻，与画面整体风格不协调，颜色对比也过于强烈，因此尝试调整天空的笔触效果和颜色。

首先复制天空图层并重命名为“天空-底色2”，先使用方形笔刷拾取天空的颜色将“天空-底色2”图层绘制出笔触效果（笔刷大小为434像素，不透明度为100%、流量为3%，图2-88）。然后使用色彩平衡（菜单栏“图像”>“调整”>“色彩平衡”，快捷键为Ctrl+B，图2-89）对画面颜色进行调整。

图2-88 绘制笔触

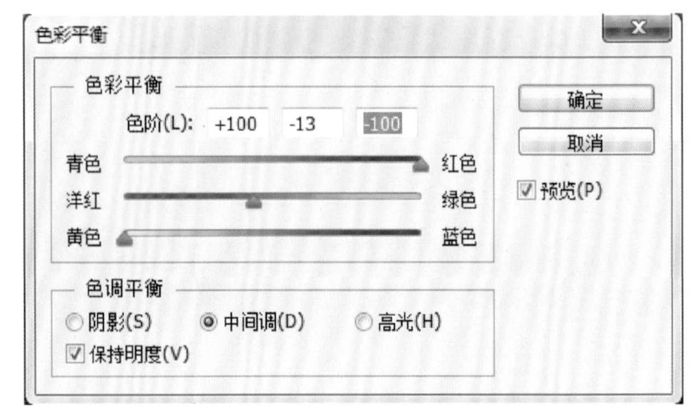

图2-89 色彩平衡

② 分别复制“沙漠-塑造2”“树-塑造2”图层，并命名为“沙漠-深入刻画”“树-深入刻画”图层，关闭沙漠和树的其他图层（图2-90）。

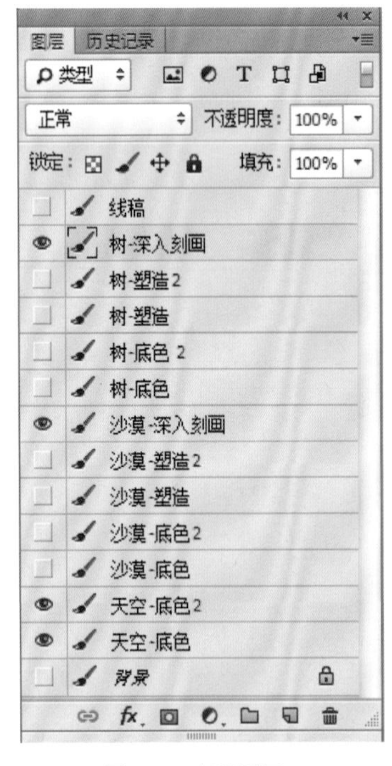

图2-90 新建图层

图2-91 深入刻画一

③ 选择“树-深入刻画”图层进行深入刻画。依然选择作为主体物的胡杨树树干开始刻画。深入刻画是需要极大耐心的工作，主体物的刻画尤其如此。本步骤除了刻画树干的纹路以外，对树干两侧的细小卷曲树皮及小树枝做了一定刻画，同时在暗部增加一些冷色作为补色，并添加作为远景的小树枝（图2-91）。

④ 对画面右侧倒伏的胡杨树的刻画主要是将前景堆置的粗树枝进行简单塑造，将其投影也画出来，然后添加大量作为远景的树枝以增加空间感、丰富画面（图2-92）。

图2-92　深入刻画二

⑤ 画面左侧树木的刻画与上面步骤相同，重点刻画相对大的树枝，同时添加远景内容，略微细化前景内容（图2-93）。

图2-93　深入刻画三

⑥ 对最前方的树桩进行深入刻画，细致描绘胡杨树表皮的纹理，同时添加一些细节（图2-94）。

⑦ 在深入刻画阶段，画面最左侧的近景树木也需仔细刻画，同时对远景中面积较大的胡杨树进行细节添加（图2-95）。

⑧ 树冠部分依然没有刻画树叶，而是将重点放在大的层次关系方面，这主要是因为树叶部分准备使用自制笔刷绘制。本步骤为树冠部分添加了大量的细小树枝，主要目的是强调主体物，同时在深入程度方面与树干做好衔接（图2-96）。

图2-94　深入刻画四

图2-95　深入刻画五

图2-96　深入刻画六

⑨ 对“天空-底色2”图层进行再次校色，将天空部分调整为黄昏，以更好地匹配全图（菜单栏“图像”>“调整”>“色彩平衡”，快捷键为Ctrl+B，图2-97），效果如图2-98所示。

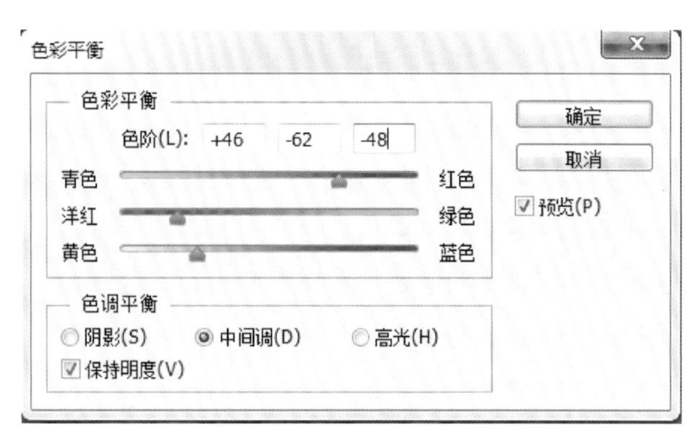

图2-97 天空校色

图2-98 第一遍深入刻画完成

⑩ 接下来对胡杨树部分进行第二遍深入刻画。复制“树-深入刻画”图层命名为“树-深入刻画2”图层，隐藏第一遍深入刻画图层，在新建图层上进行细节的最后添加和调整。通过对比可见，前后两次深入刻画在塑造方面着墨不多，重点添加了一些细枝末节、对树的质感和整体空间感做了最后的整理（图2-99～图101）。

图2-99　深入刻画对比一

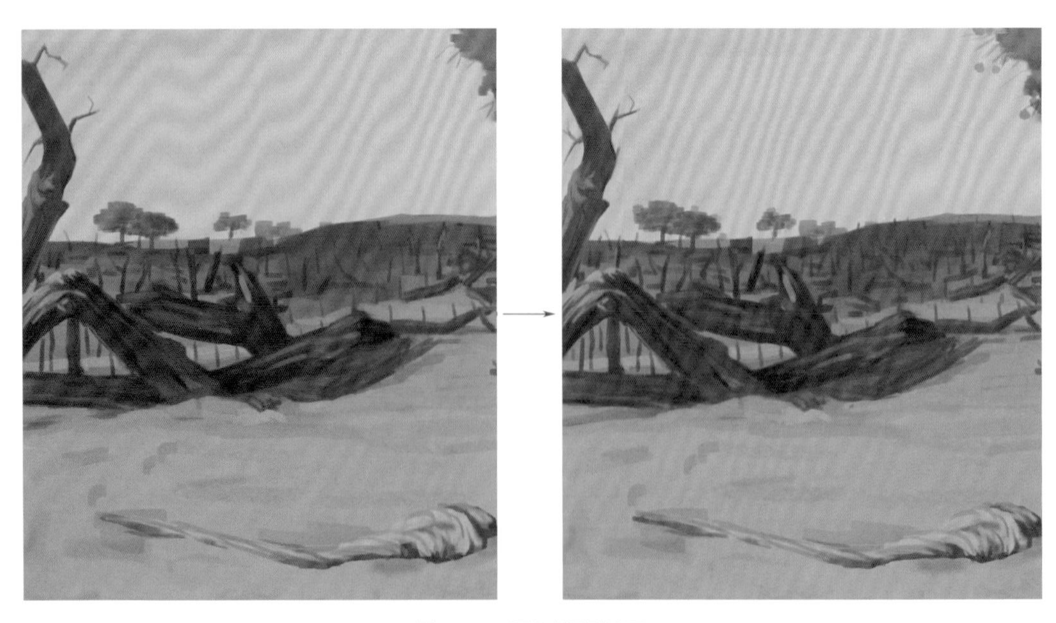

图2-100　深入刻画对比二

图2-101 深入刻画对比三

⑪ 根据本章2.2.4步骤自制胡杨树叶笔刷，基本流程为：在搜集的素材中选取一片胡杨树叶，使用选区工具制作成黑白剪影图，储存为画笔笔刷（图2-102）。

图2-102 自制笔刷

⑫ 在画笔设置面板进行设置，效果及参数如图2-103、图2-104所示。

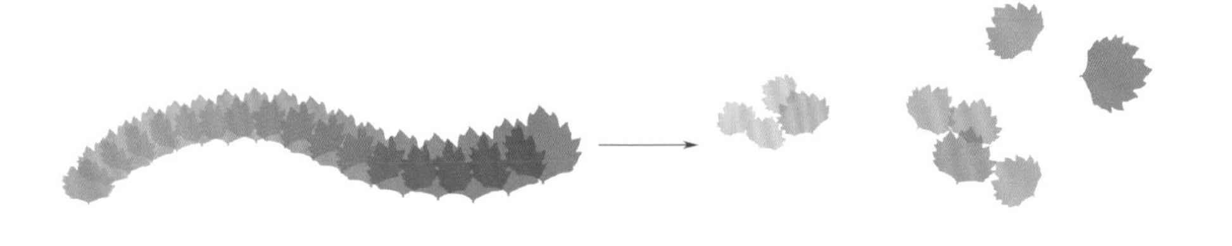

图2-103 笔刷设置前后对比

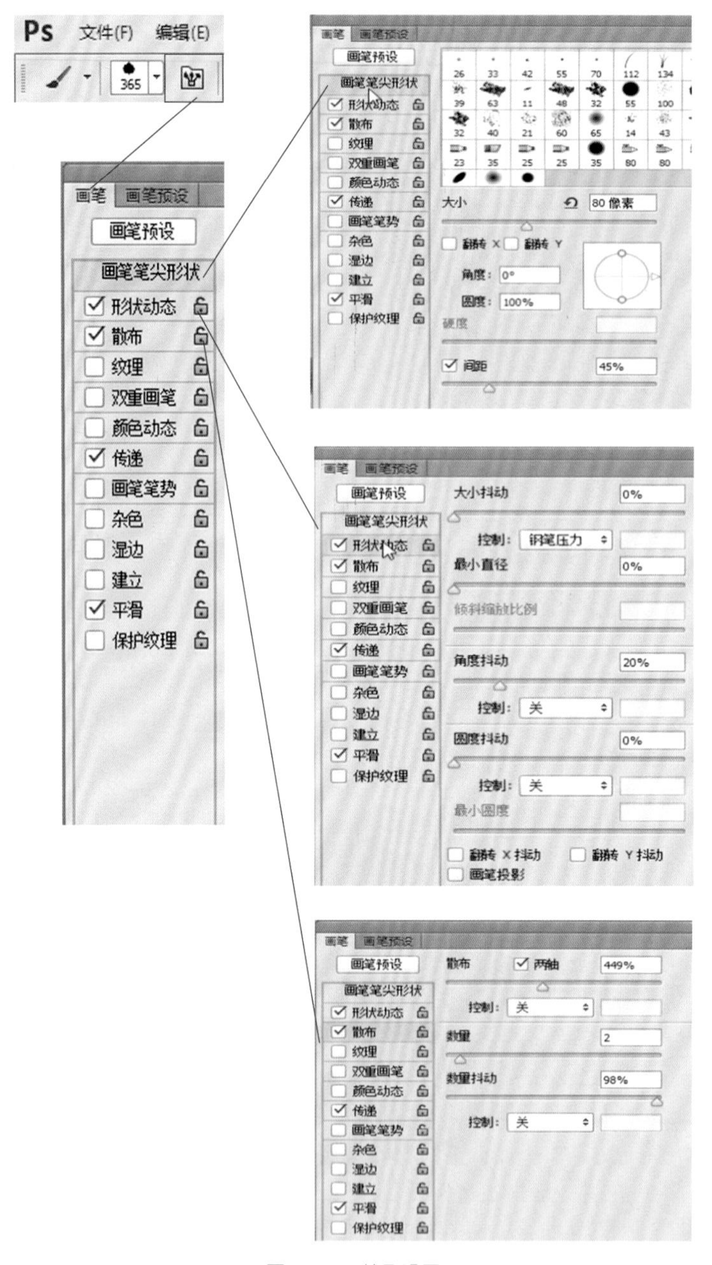

图2-104 笔刷设置

小提示

胡杨树叶笔刷的设置要点有以下几个：在“画笔笔尖形状”选项内，将间距拉大，使树叶绘制时避免过量叠加；其次是在“形状动态”选项内将“角度抖动”和“圆度抖动”设置为所需数值，目的是使树叶绘制时方向和角度分布自然；最后是勾选“散布”选项，使树叶绘制时分散开来。

⑬ 吸取树冠底色的颜色，使用自制笔刷绘制树叶（图2-105）。

图2-105 树冠绘制

⑭ 第二遍深入刻画完成后效果如图2-106所示。

图2-106 第二遍深入刻画完成

2.2.9 作品完成

通过之前的绘制，已经基本完成画面的大部分内容，但是天空和沙漠部分一直没有进行深入刻画，这主要是考虑通过素材合成的方式来完成。打开“案例2-2合成素材”文件夹，将图片“合成素材（4）”在Photoshop中打开，分别使用选框工具将天空和沙漠截取并复制到“图2-2大漠胡杨.psd”文件中，合理放置图层顺序。

① 将沙漠素材拖拽至“沙漠-深入刻画”图层之上并命名为“沙-合成素材”，调整大小及位置后，使用色彩平衡（色阶参数从左至右分别为：+36、-31、-69）进行校色，将“沙-合成素材”的图层合成模式切换为“正片叠底”（图2-107）。

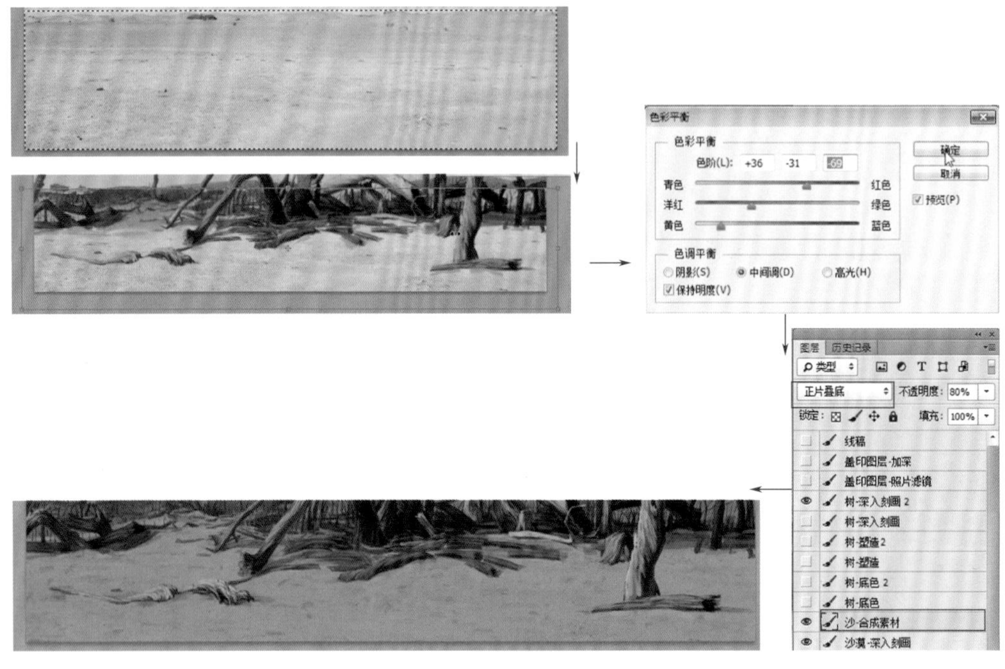

图2-107 素材导入一

② 同样将天空素材导入文件中，调整大小、位置后使用“色相/饱和度”进行校色（菜单栏“图像”>“调整”>“色相/饱和度”，快捷键为Ctrl+U），降低“天空-合成素材”图层不透明度至67%（图2-108）。

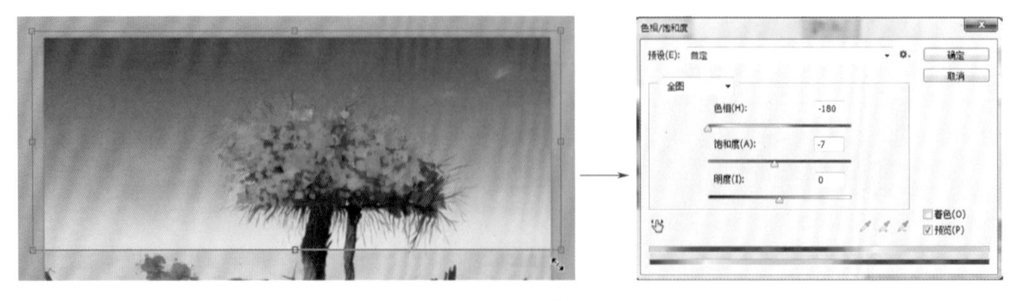

图2-108 素材导入二

在图层面板分别点右键单击图层“沙-合成素材”“天空-合成素材”，在弹出菜单中选择“创建剪贴蒙版”，完成后效果如图2-109所示。

图2-109 素材合成

③ 图层整理如图2-110所示。

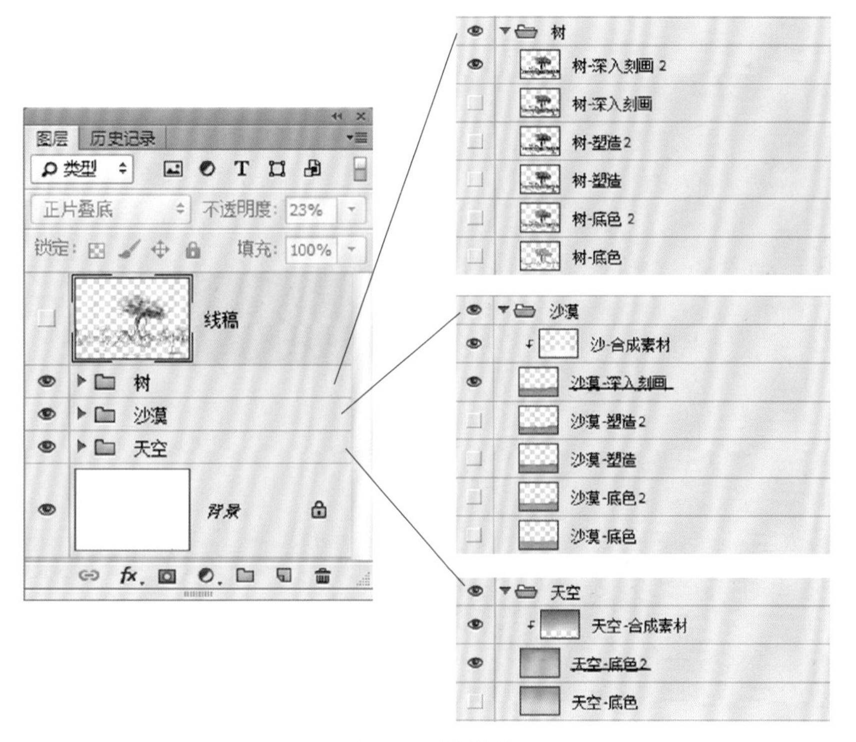

图2-110 图层整理

④ 执行盖印可见图层（快捷键为Ctrl+Alt+Shift+E），并对盖印图层执行菜单栏“图像”>“调整”>“照片滤镜”，尝试各种滤镜效果并保存，完成本案例的绘制（图2-111、图2-112）。

图2-111　效果调整——暗部加深

图2-112　效果调整——照片滤镜

2.3 《女巫》的创作

本案例为施魔法的女巫角色的半身像绘制。女巫及玄幻、神鬼题材是插画作品中极为常见的，在游戏、动漫、电影中也经常出现。女巫起源于人类原始的信仰与崇拜，本意为“有智慧的女性”，后引申为“魔女”“妖妇”等。女巫在人们心中神秘且魔幻，或面目狰狞，或妖艳蛊惑，拥有常人所没有的特殊技能。在古希腊神话传说、欧洲民间传说和我国的《山海经》中，都有大量关于女性“巫术”使用者的故事。由于插画作品的想象力丰富、技术技巧多样，非常适合用来描绘类似女巫题材的作品。

2.3.1 绘前分析

首先需要确定女巫的国籍、年龄、体貌特征，其次需要对画面的构图、女巫动作的设定和道具进行构思。为体现女巫角色的特征，本案例设定为对水晶球施魔法的亚洲女性角色，考虑到气氛营造，画面应以暗调子为主，而水晶球魔法的体现方面，使用“图层样式”功能以提高绘画效率。

2.3.2 确定技法——素描着色法

本案例的绘制使用素描着色的方法，素描着色法在数字插画创作中十分常见，指的是先使用单色绘画之后再对画面上色的方法。这种方法的优点是在前期绘制阶段，创作者可以将更多精力放在画面的气氛效果营造方面，暂时不必考虑画面色彩关系和搭配。素描着色法更适合光影强烈、暗调子较多的画面，对素描阶段的刻画程度没有特殊要求，因人而异。

2.3.3 前期准备

绘前准备工作主要包括工具和素材的准备，根据本案例的设定，除了制作、使用笔刷外，还要使用图层面板的图层混合模式、图层样式和图层调整功能；素材方面，需要准备服装布料素材、皮肤素材和一些气氛参考图。

2.3.4 底图绘制

① 执行菜单栏“文件”>“新建”（快捷键Ctrl+N），新建一个A4画布，将文件名称命名为“女巫”，选择国际标准纸张、A4（图2-113），颜色模式改为灰度，然后自制“斜长方柔边”画笔并存储为Abr笔刷文件（自制笔刷方法见本章2.2.4，图2-114）。

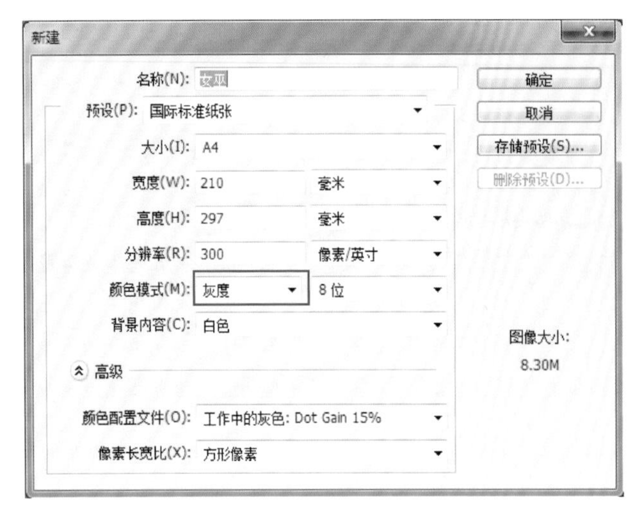

图2-113　新建文件

图2-114　自制笔刷

小提示

使用自带画笔还是自制笔刷依据各人习惯自定。颜色模式切换为灰度模式后只能画黑白素描稿，可以在新建文件时设定，也可以在菜单栏“文件”>“图像”>“模式”中进行切换。自制笔刷的“间距”设置为10%，其余设置如图2-115所示。

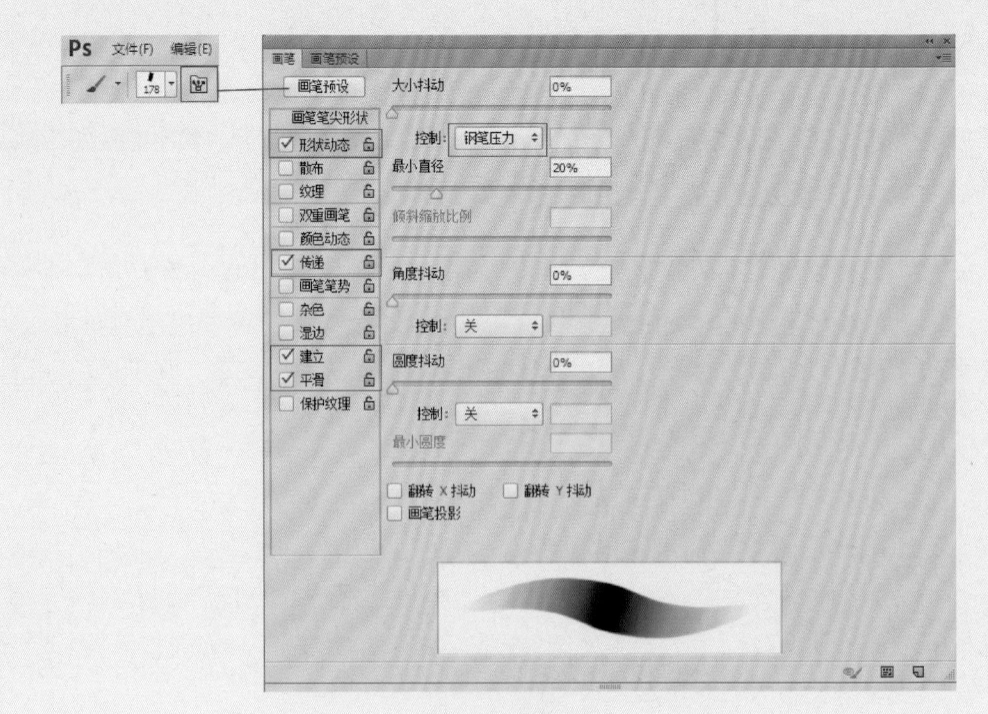

图2-115　画笔设置

② 在图层面板新建三个图层并分别命名为“女巫-素描1”“手-素描1”“魔法球-底色1”，设置笔刷大小为80像素、不透明度为100%、流量为5%，使用斜长方柔边画笔使用黑色起稿绘制底图，注意图层上下次序（图2-116）。

图2-116 底图绘制一

小提示

① 使用素描着色法绘制时，建议先在画面填充一种底色，在底色基础上再绘制，目的是在底色的基础上加深和提亮时更容易体现画面气氛。本步骤就是先在“女巫-素描1”图层使用油漆桶工具填充了深灰色（R：35、G：35、B：35）之后再画底稿。

②“魔法球-底色1”图层是先画一个正圆然后再进行绘制，具体方法为：选择工具箱中的椭圆选框工具，按Shift键拉出一个正圆形选区，移到合适的位置后在选区内进行绘制，最后按Ctrl+D取消选区。

③ 复制“女巫-素描1”并将新复制的图层命名为“女巫-素描2”图层，隐藏原图层并继续绘制底图，通过图2-117对比可见，在“女巫-素描2”图层主要将角色的光影关系和体面关系进行明确。从这一阶段开始为了更好地融合笔触，画笔流量都控制在5%左右。

图2-117　底图绘制二

2.3.5　基础塑造

① 首先继续深入画面效果，根据当前的光线设定，对女巫脸的中下部分进行提亮，在进行塑造时笔触尽量融合。根据预设，粗糙的笔触有利于画面气氛的营造，但不符合设定角色的年龄。

在“女巫-素描2”图层上新建空白图层并命名为“女巫-素描3”图层，主要内容为对脸、头发的受光部分进行提亮（图2-118 ~图2-122）。

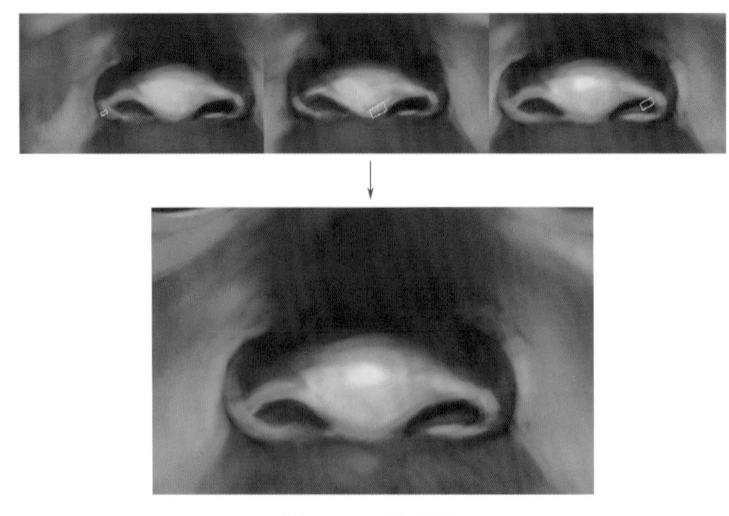

图2-118　鼻子塑造

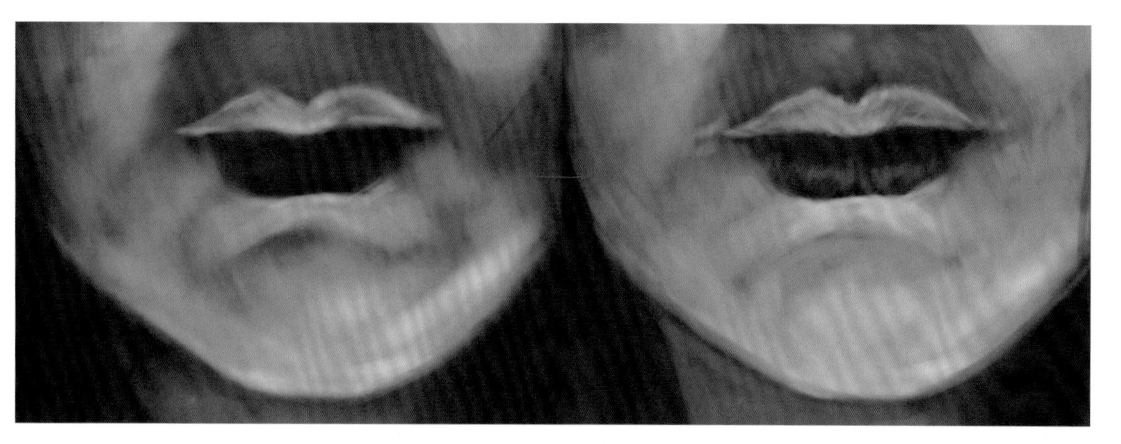

图2-119 嘴巴塑造

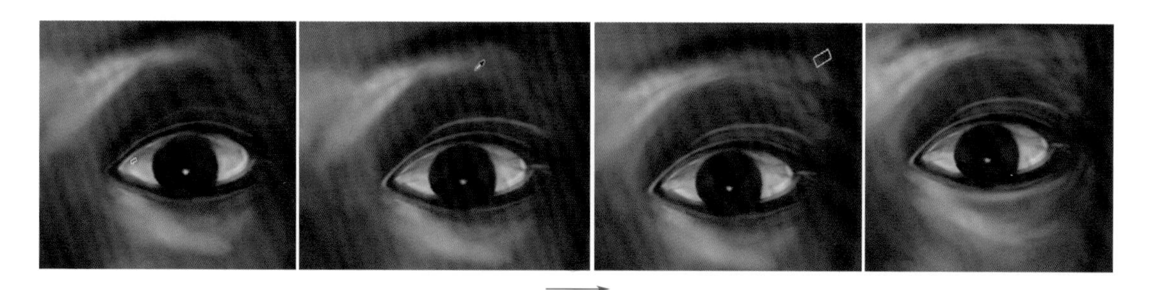

图2-120 眉眼塑造

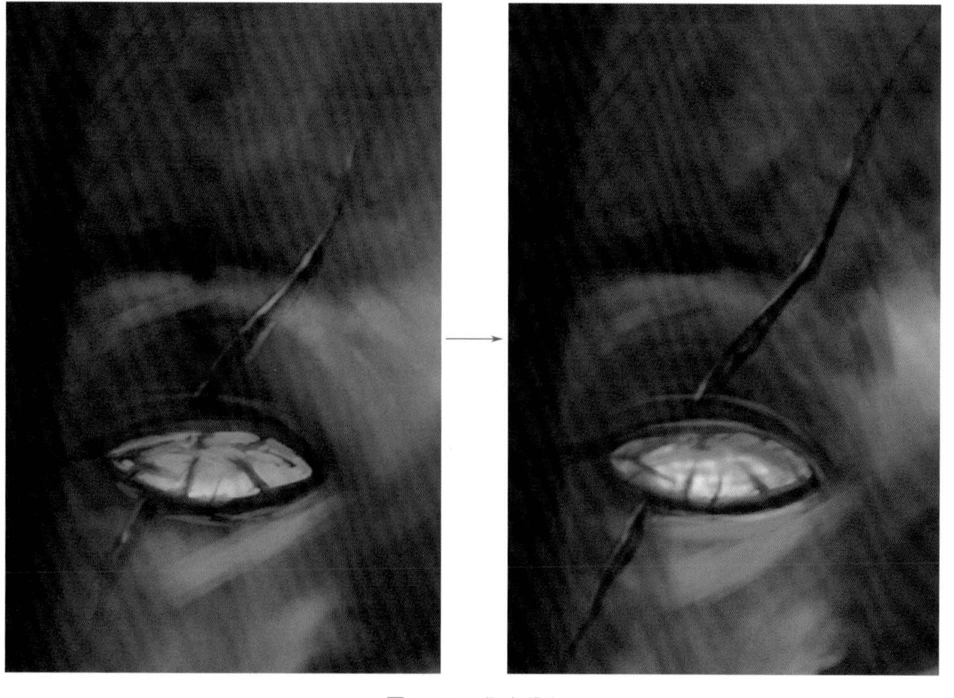

图2-121 伤疤塑造

图2-122　脸部塑造

② 新建空白图层并命名为“手-素描2”，放置到图层面板的顶层，对手部进行基础塑造。在塑造逆光下的双手时需要处理好虚实关系，同时，由于亮部受强光照射所以细节较少，但要求结构准确（图2-123）。

③ 新建空白图层并命名为“魔法球-底色2”，放置到合适的位置，对魔法球进行基础塑造，使用模糊工具增加笔触融合效果（图2-124）。

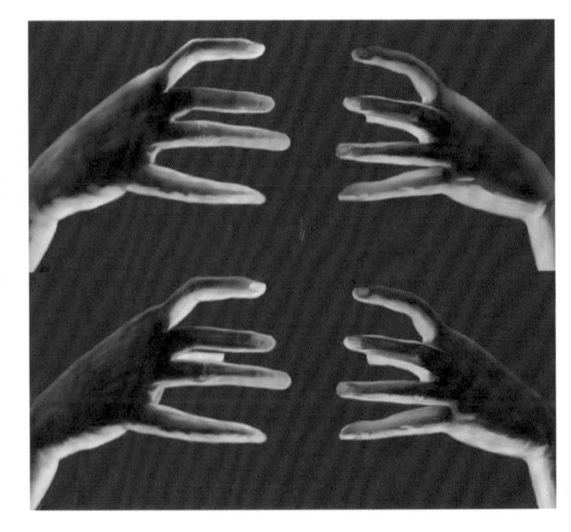

图2-123　手部塑造

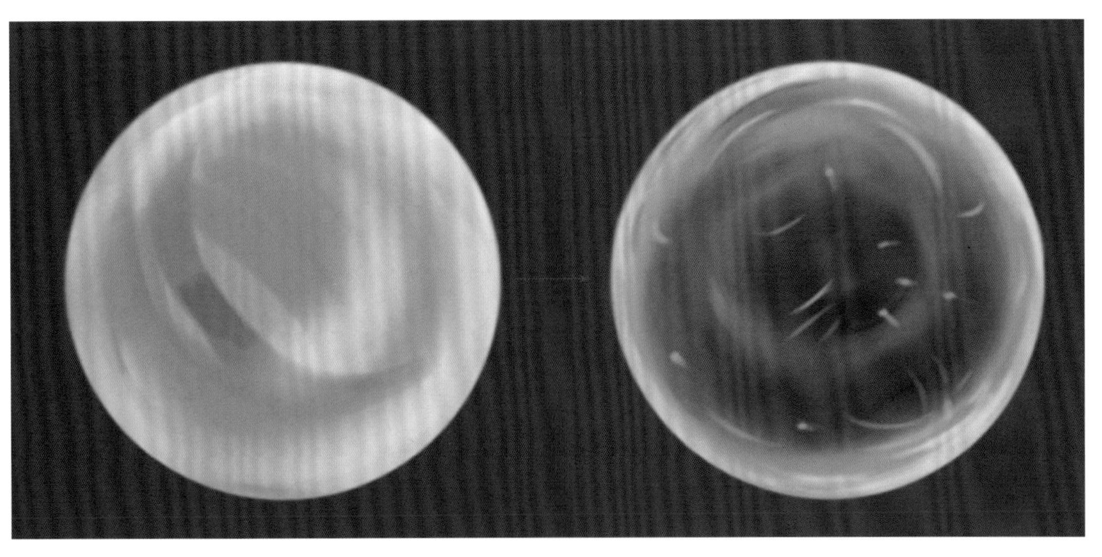

图2-124　魔法球塑造

④ 本阶段的图层分布和画面效果如图2-125、图2-126所示。

图2-125　图层分布

图2-126　画面效果

2.3.6 深入刻画

本阶段的创作思路是先使用混合器画笔工具对笔触进行融合，快速模拟年轻女性皮肤细腻的感觉，然后进行进一步深入刻画，画面整体进行了两遍深入。

① 图层整理。将画面每一部分执行盖印图层，然后关闭原图层作为备份。以女巫图层为例，在图层面板点选“女巫-素描2”图层，按Ctrl键加选“女巫-素描3”图层，之后按快捷键Ctrl+Alt+E生成新的盖印图层并命名为“女巫-素描4”图层，将原来的女巫图层合并到一个图层组中并命名为“女巫”。

使用同样的方法整理手和魔法球的图层，图层整理后如图2-127所示。

② 选择“女巫-素描4”图层，使用混合器画笔工具对画面笔触进行融合，本步骤应将笔触融合与深入刻画交替进行（图2-128 ~图2-131）。

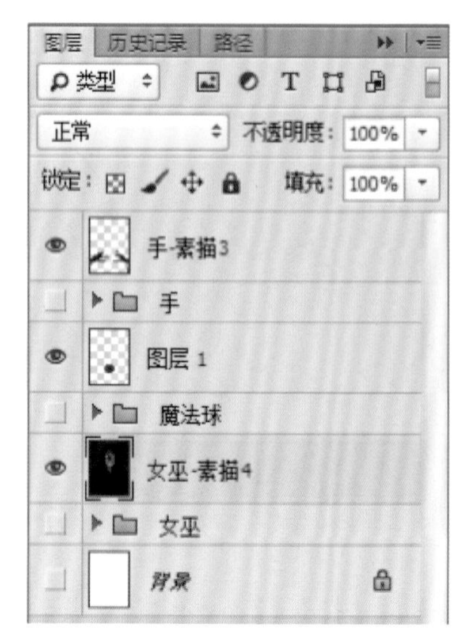

图2-127 图层整理

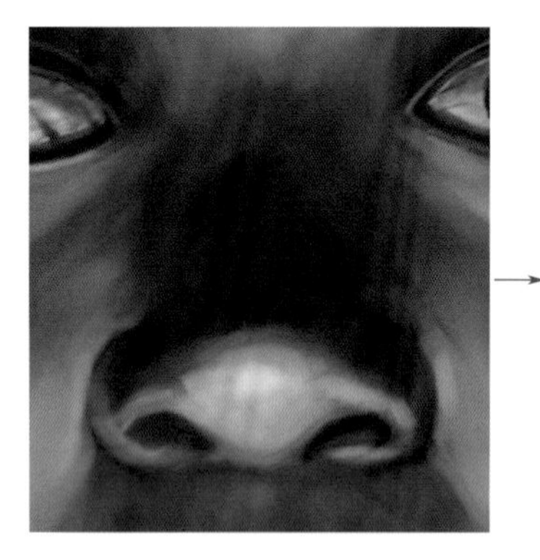
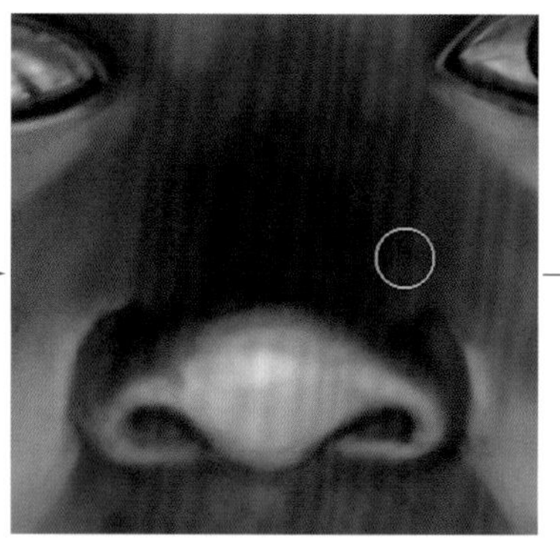
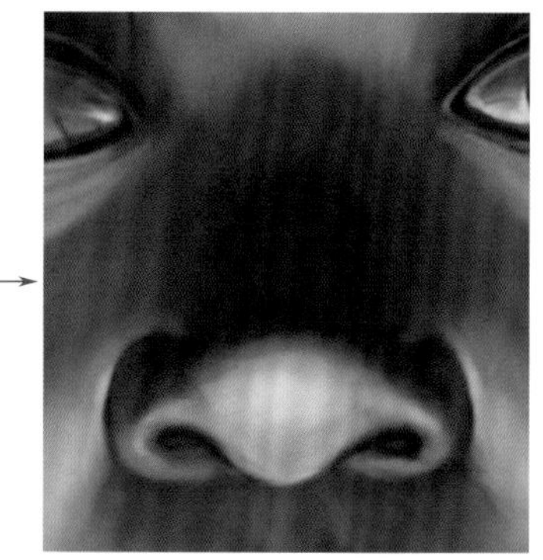

图2-128 局部刻画一

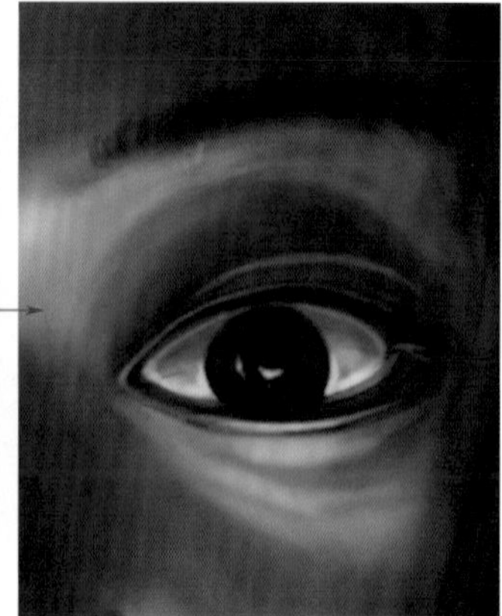

图2-129 局部刻画二

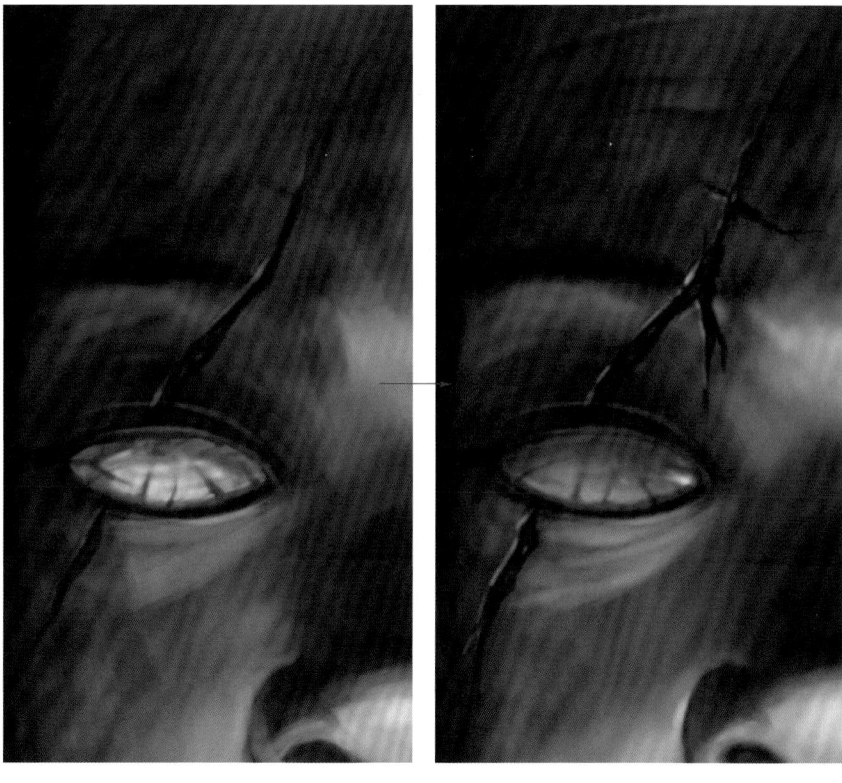

图2-130 局部刻画三

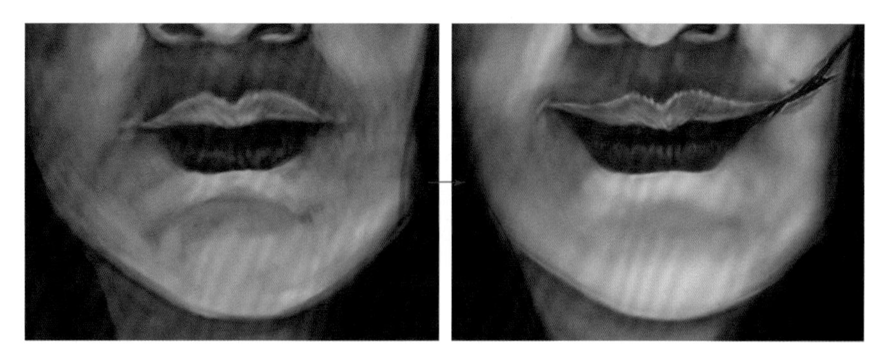

图2-131 局部刻画四

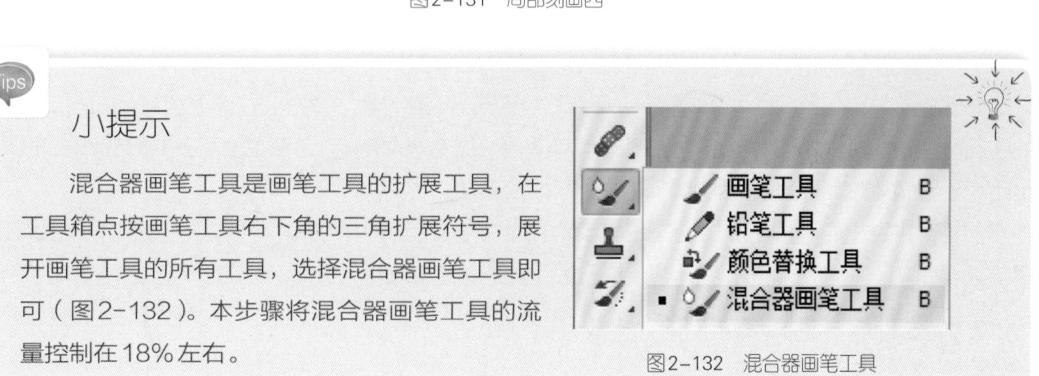

小提示

混合器画笔工具是画笔工具的扩展工具，在工具箱点按画笔工具右下角的三角扩展符号，展开画笔工具的所有工具，选择混合器画笔工具即可（图2-132）。本步骤将混合器画笔工具的流量控制在18%左右。

图2-132 混合器画笔工具

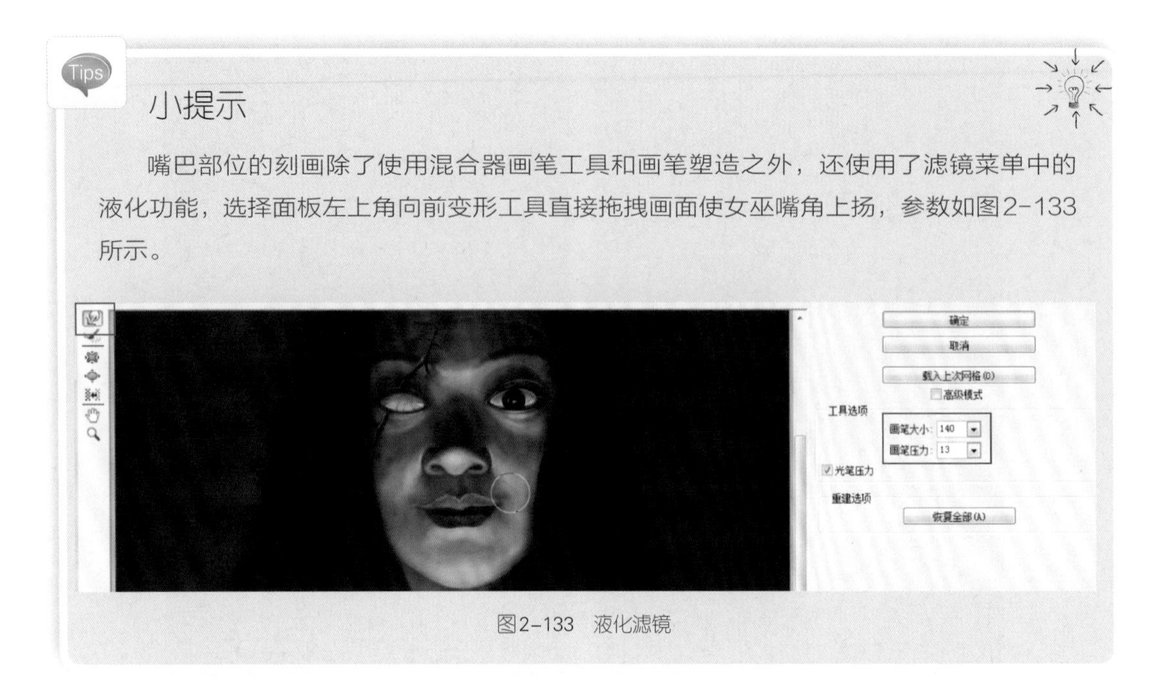

图2-133 液化滤镜

头发及整体效果如图2-134所示。

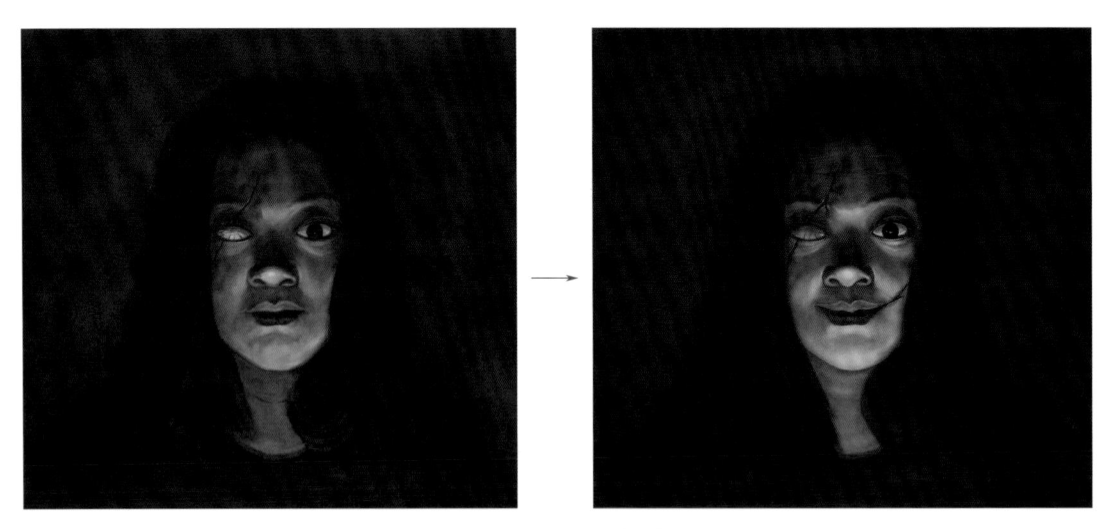

图2-134 头发及整体效果

③ 选择“手-素描3”图层，对手部的反光、结构暗部逐一进行刻画和处理。通过图2-135中的对比可见，本步骤主要是加强手的受光部位的亮度，同时加强了亮部和暗部的虚实对比，通过简单的刻画体现准确的结构关系。

④ 接下来进行整体的第二遍深入刻画，首先在“女巫-素描4”图层之上新建空白图层并命名为“女巫-素描4细节”图层，在新建空白图层上对女巫进行精细刻画（图2-136）。

考虑到画面光感，第二遍深入刻画首先选择的是嘴部和下巴部位，主要内容是刻画嘴唇的纹路褶皱、脸的下半部分亮部强化（图2-137）。

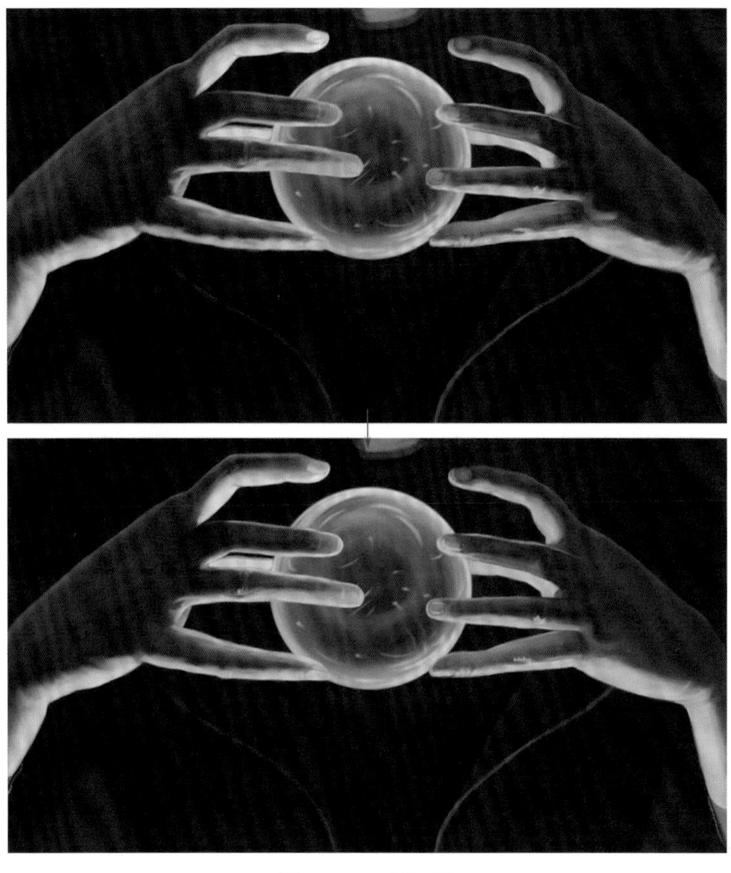

图2-135 手部刻画

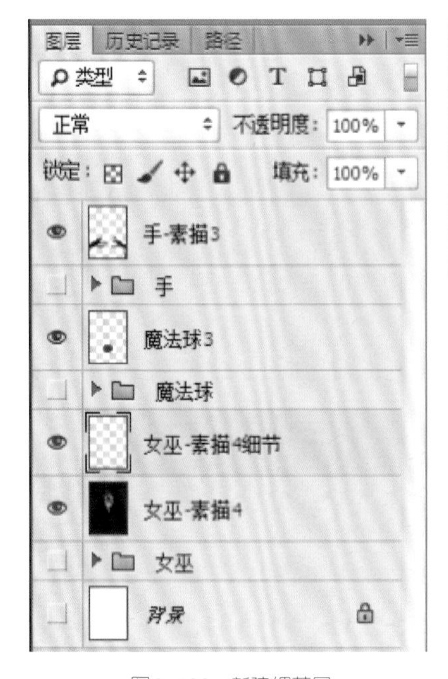

图2-136 新建细节层

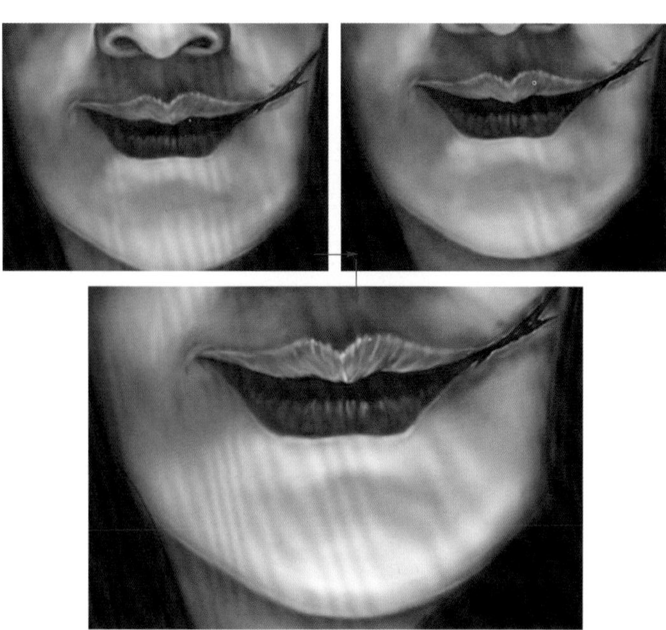

图2-137 嘴部刻画

额头的刻画集中在三个方面：皱纹、疤痕周边和光感（图2-138）。

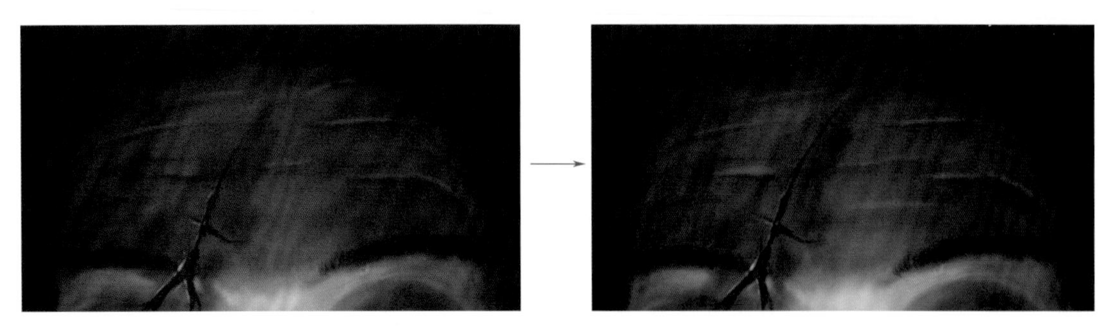

图2-138　额头刻画

眉眼、鼻子部位的刻画如图2-139所示。

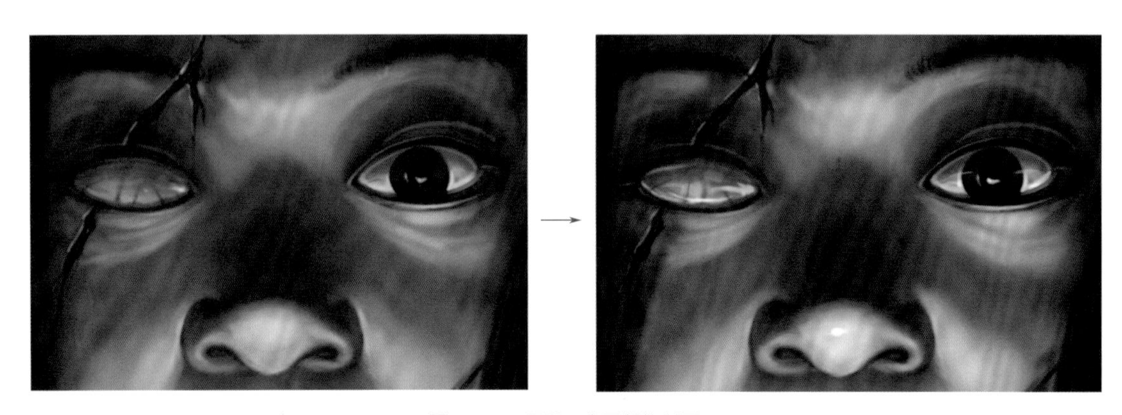

图2-139　眉眼、鼻子部位刻画

头发的刻画如图2-140所示。

图2-140　头发刻画

⑤ 本阶段主要内容为刻画皮肤毛孔，刻画毛孔使用了外置“皮肤笔刷”以提高绘画效率，请至本书配套电子资源案例2-3文件夹中下载该笔刷并载入软件，笔刷效果如图2-141所示。

新建空白图层并命名为“女巫-素描4毛孔”图层（图2-142），对脸部毛孔细节进行刻画（图2-143 ~图2-146）。

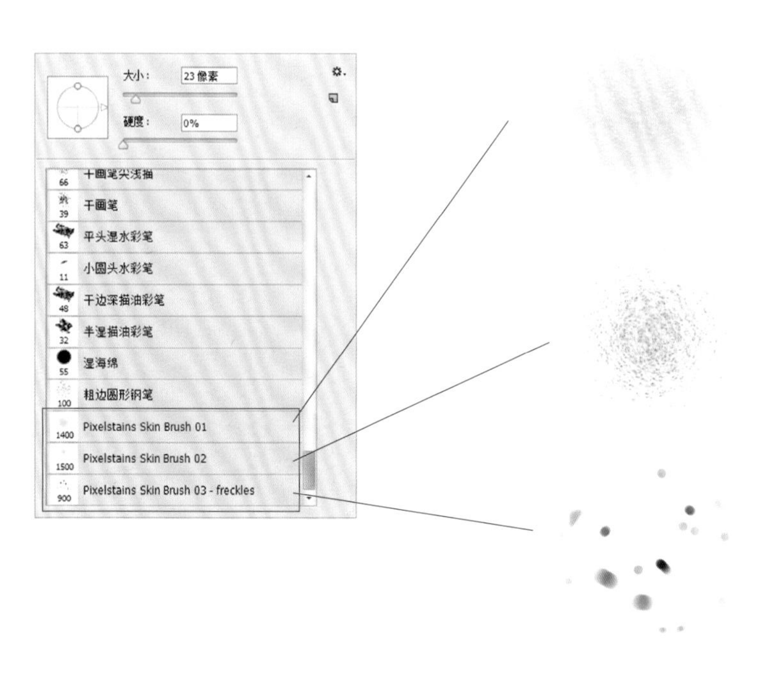

图2-141 外置笔刷

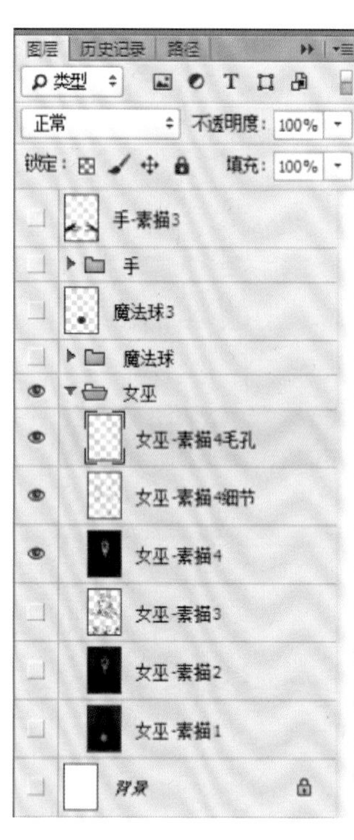

图2-142 新建图层

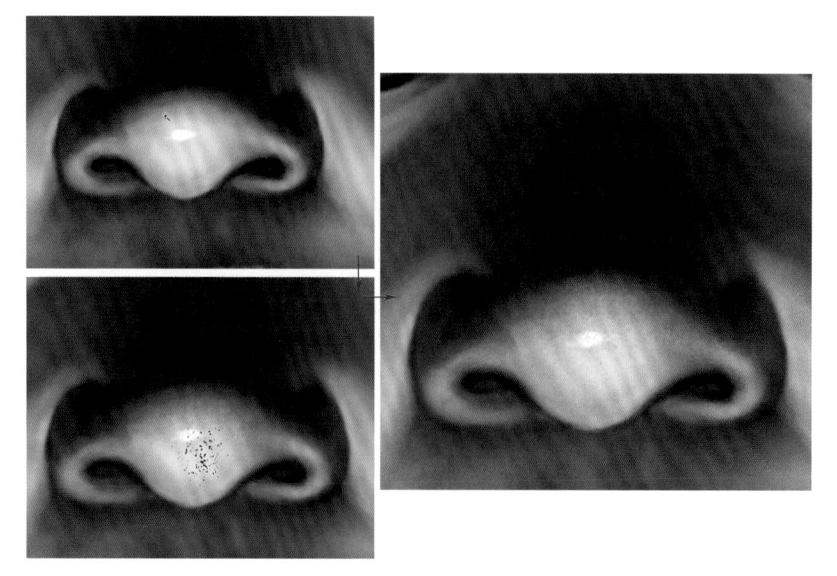

图2-143 皮肤毛孔一

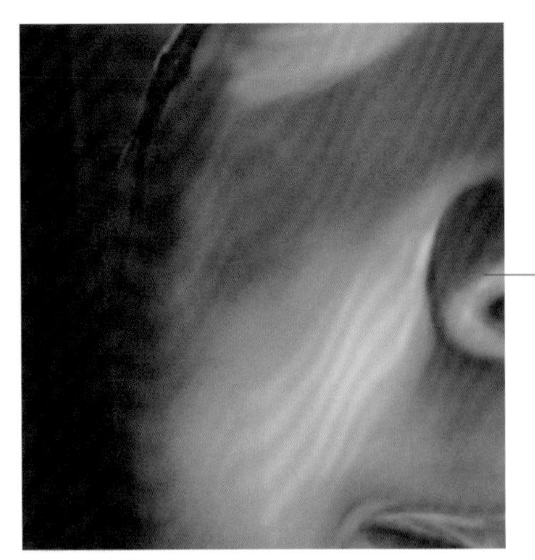
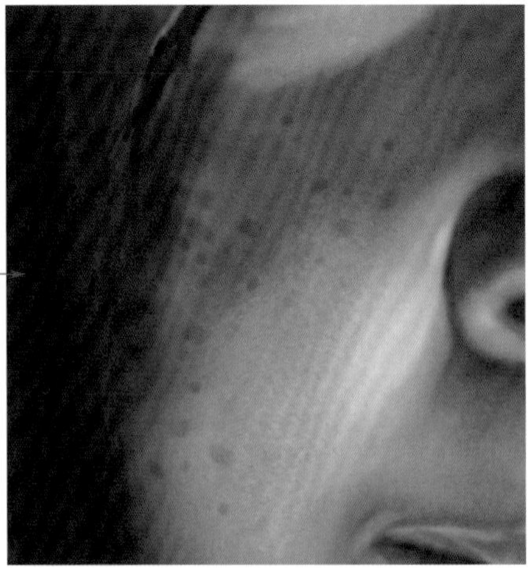

图2-144　皮肤毛孔二

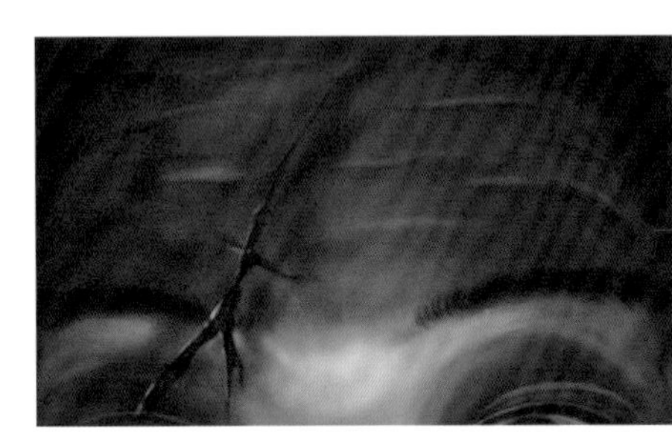
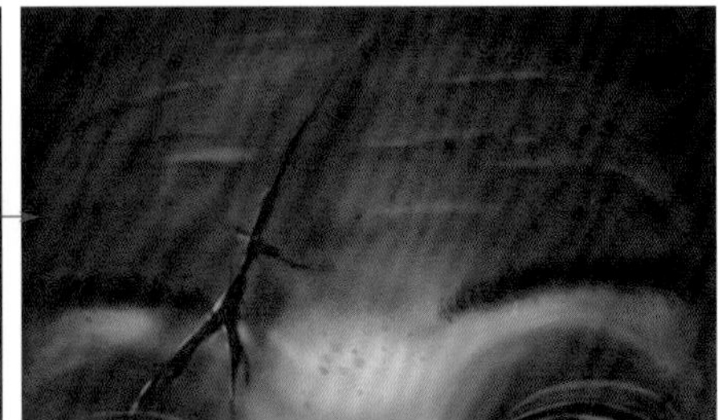

图2-145　皮肤毛孔三

图2-146　皮肤毛孔四

小提示

毛孔笔刷的使用前提是皮肤底色处理得相对细腻光滑，大的疤痕和痦子、痘、痣、皱纹等提前画好，使用中应遵循以下几个原则，首先是先画暗色再画亮色；其次是亮部多画、暗部少画或画完模糊处理；再次是多个笔刷交替使用。

⑥ 新建“手-素描3细节”图层并创建剪贴蒙版，在新建图层刻画手部细节（图2-147、图2-148）。

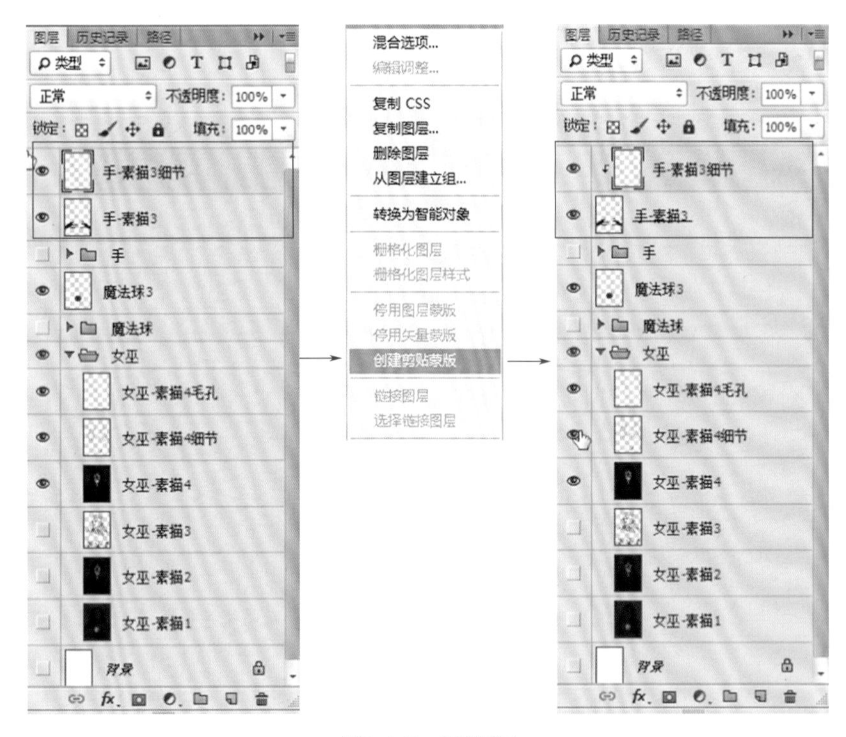

图2-147 新建图层

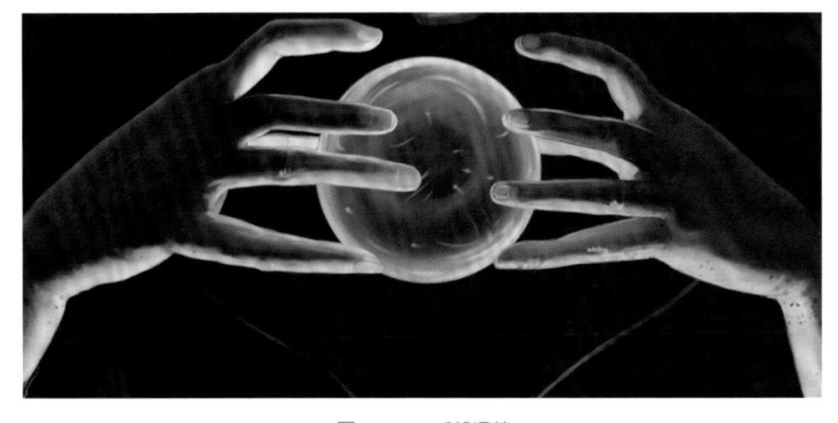

图2-148 手部细节

小提示

剪贴蒙板就是由两个或者两个以上的图层组成，最下面的一个图层叫做基底图层，位于其上的图层叫做顶层。基底图层只能有一个，顶层可以有若干个。Photoshop的剪贴蒙版可以这样理解：上面层是图像，下面层是外形。剪贴蒙版反映了上下图层的约束关系，可以简单理解为上面图层怎么画都不会超出下面图层已画的范围。

在本步骤中，手的细节图层为剪贴蒙版层，在“手-素描3细节”图层画手的细节部分，怎么画都不会超出“手-素描3”图层的已画范围，可以大幅提高绘画效率。

细节刻画阶段最终效果如图2-149所示。

图2-149　整体效果

2.3.7 素描着色

对黑白素描稿上色的前提条件是将颜色模式切换为有彩色模式，如果图像在灰度模式下绘制任何颜色都只能显示为无彩色。图像模式的确认在Photoshop菜单栏的“图像”>“模式”下，在进行电脑绘画时一般选择RGB颜色模式（图2-150）。

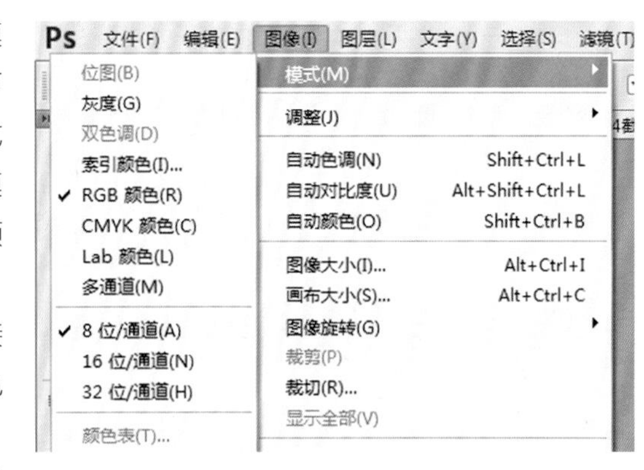

图2-150 颜色模式

对素描稿进行上色有许多方法，除了直接对素描底稿上色以外，最常见的是“调整上色法”和“图层上色法”。

“调整上色法”即使用Photoshop菜单栏的“图像”>“调整”>“色相/饱和度”或“色彩平衡”或“黑白”或“照片滤镜”或“通道混合器”工具进行调整上色（图2-151）图层面板下方还有“创建新的填充或调整图层”按钮，也是调整上色的一种，优点是不破坏原图。

“图层上色法”使用的是油漆桶工具配合图层混合模式和剪贴蒙版工具进行的上色方法，这种方法的缺点是受限于图层合成模式的效果影响（图2-152）。

图2-151 调整上色

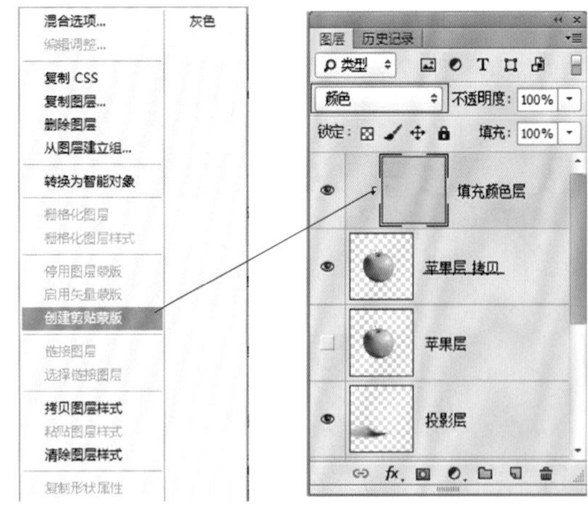

图2-152 图层上色

小提示

对素描稿上色无论使用哪种方法，都只是进行基础上色，如果画面不能满足所需，还应该继续新建图层进一步精细上色。

素描着色具体步骤如下。

① 首先对图层进行整理，分别对女巫部分、魔法球部分和手部分的图层执行盖印图层，隐

藏原图层作为备份。在图层面板最下方点击“创建新的填充或调整图层”按钮，在弹出菜单中选择“色相/饱和度”工具，参数设置及效果如图2-153～图2-155所示。

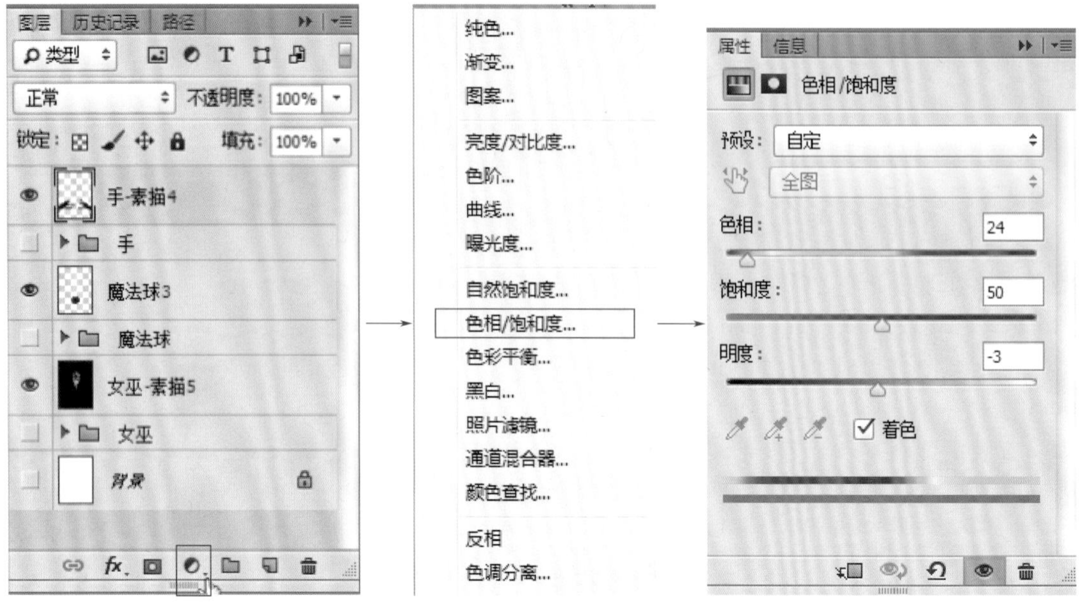

图2-153　新建图层

图2-154　图层设置

图2-155　素描上色

② 为魔法球添加图层样式（发光效果）：首先选择“魔法球3”图层，点击图层面板最下方的“添加图层样式”按钮，在弹出的图层样式面板勾选外发光和内发光，参数设置、效果如图2-156、图2-157所示。

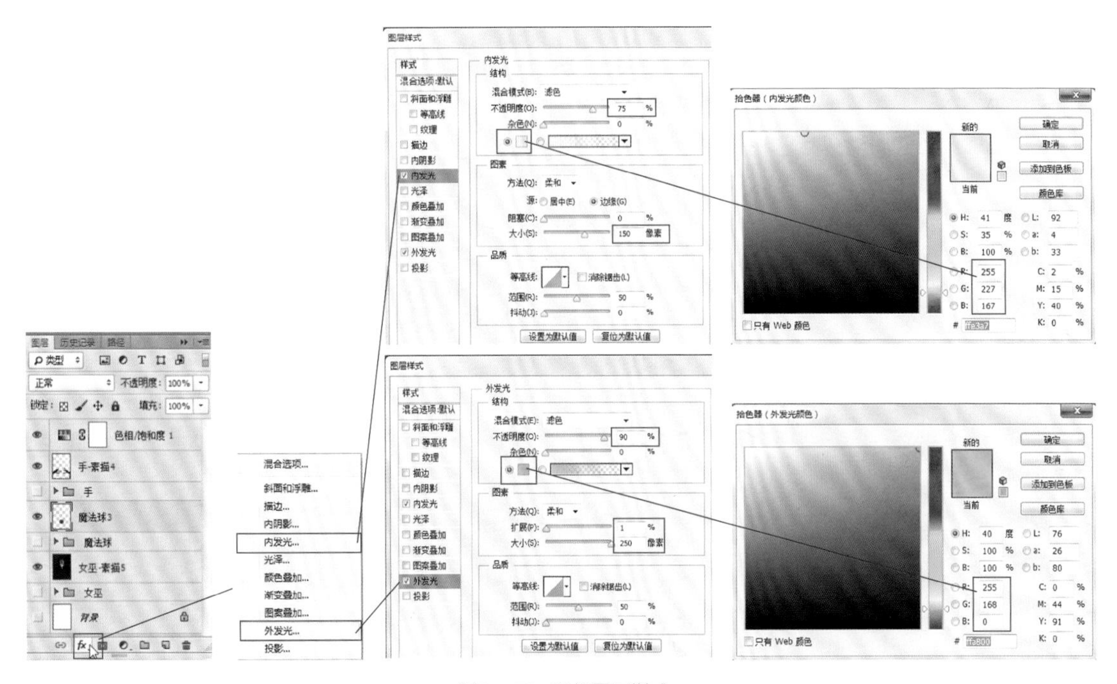

图2-156　添加图层样式

③ 为脸部伤疤和眼球添加血迹。本步骤主要利用了图层面板的图层合成模式中的“正片叠底”功能，在上面图层平涂颜色，颜色会附着到下面图层的明暗关系中。

在“女巫-素描5”图层之上新建空白图层并命名为“红色”，将“红色”图层合成模式切换为“正片叠底”，绘制女巫的血迹和血丝，绘制时注意皮、肉、血丝的不同质感、形态（图2-158 ~ 图2-162）。

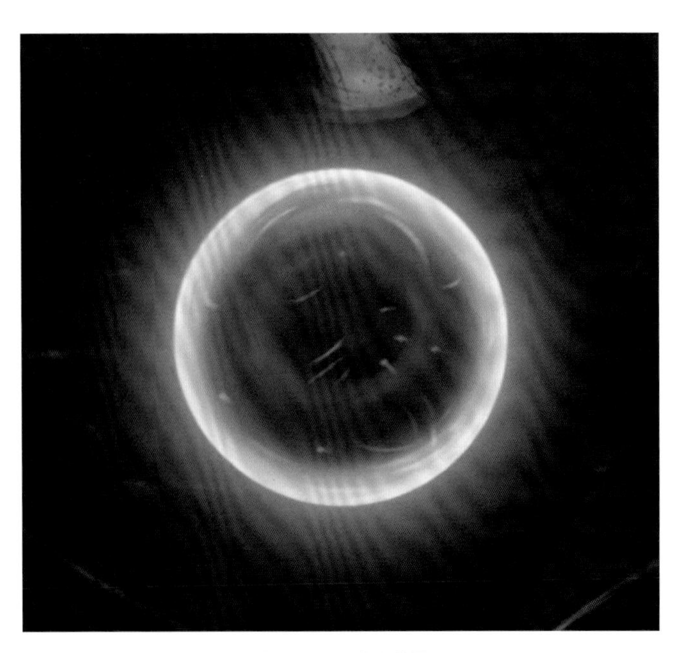

图2-157　发光效果

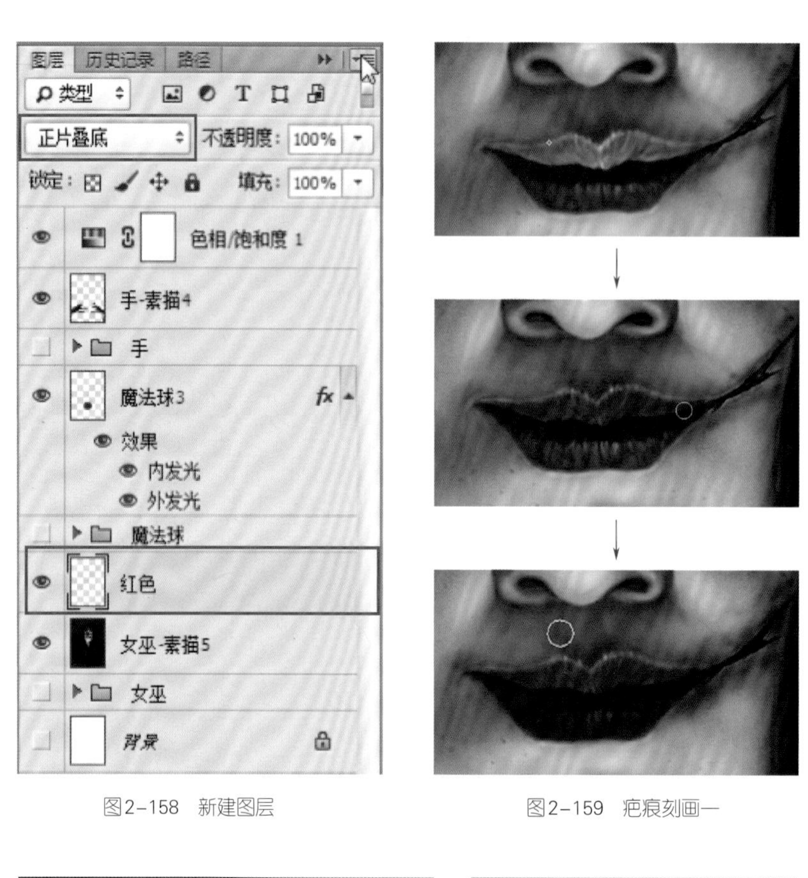

图2-158　新建图层

图2-159　疤痕刻画一

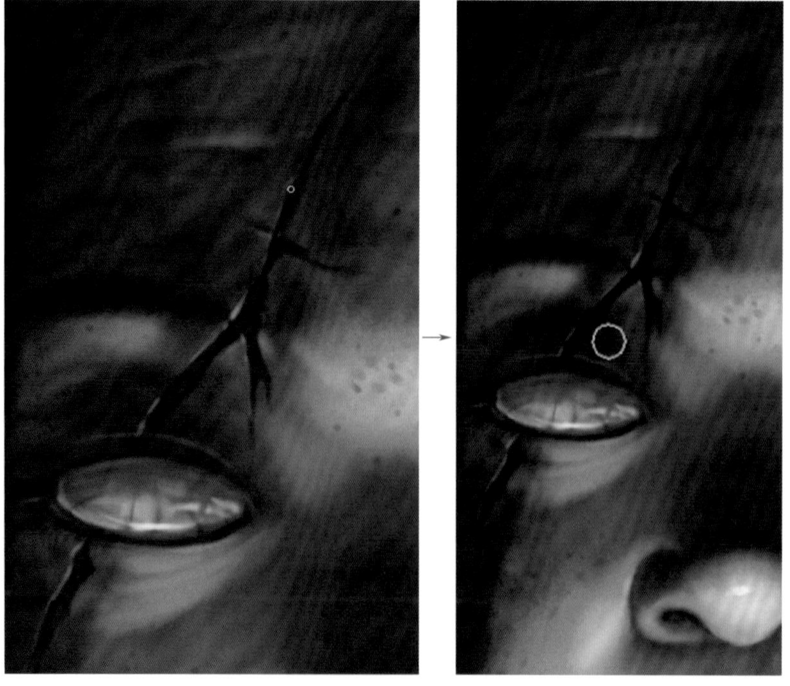

图2-160　疤痕刻画二

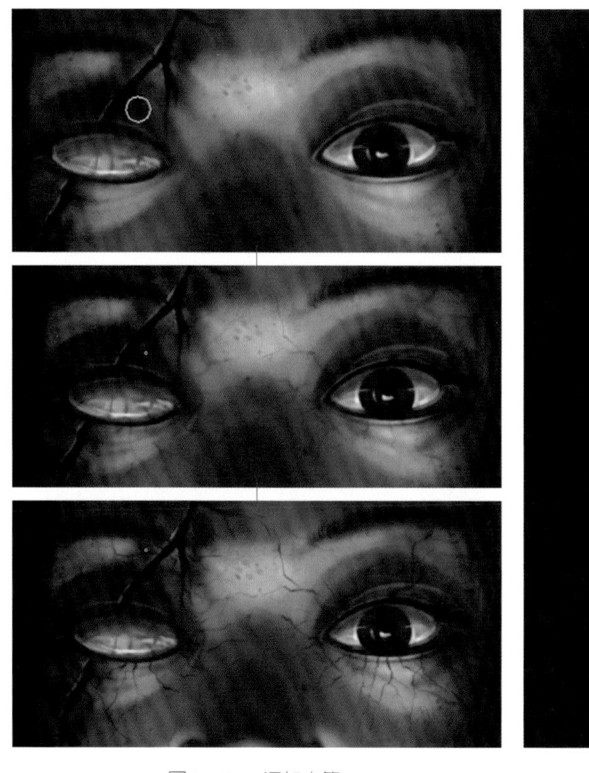

图2-161 添加血管

图2-162 细节刻画

④ 细节添加。本步骤主要是添加画面最终的细节，方法是新建图层直接绘制。

在图层面板的最上层新建空白图层并命名为“细节”，在“细节”图层进行精细刻画，添加画面中头发的受光发丝，脸的受光部分、鼻子和嘴唇的高光、服装的亮部等（图2-163）。

图2-163 最终细节一

在“手-素描4”图层之上新建空白图层并命名为“手斑点”，右键“创建剪贴蒙版”，使用皮肤笔刷添加手的斑点、血迹。同时对“手-素描4”图层执行“图像”>“调整”>“色相/饱和度”，提亮手的受光部位（图2-164）。

图2-164　最终细节二

小提示

提亮手的亮部方法很多，在“图像”>“调整”选项中的色阶、曲线等都可以实现同样的调整目的，建议多加尝试不同工具，体会其中异同。

2.3.8　作品完成

从整体上观察画面，对虚实关系、画面细节做最后的调整之后，完成本案例的绘制（图2-165、图2-166）。

通过对图层的更改可以快速调整出其他效果（图2-167）。

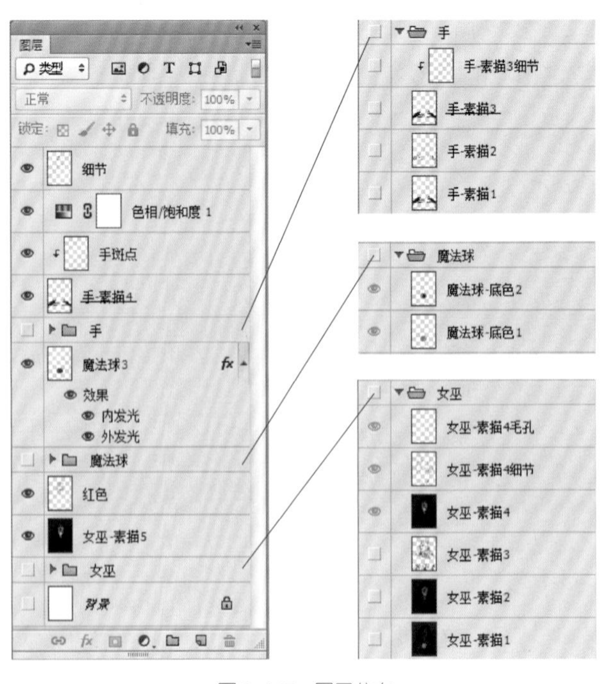

图2-165　图层分布

图2-166 绘制完成一

图2-167 绘制完成二

实战练习

1. 选择一种常见的昆虫如蚊子、螳螂、蚱蜢、蚂蚁、蜻蜓、蝴蝶等进行数字插画作品创作，使用直接绘制的方法，要求有强烈的画面感、协调的画面关系、深入的细节。

2. 任选一个场景进行插画绘制，要求有一定的情境设定，如夕阳下的船、幽静的森林、盛夏的荷塘、乡间的小路、旧屋门前的银杏树等。使用素材合成的方法，并使用校色工具调整出若干种效果。

3. 根据身边的人物，设定一个主题，通过局部夸张的手法完成一张数字插画创作。如男巫、僵尸、美人鱼等。要求技法写实、画面气氛完整，利用软件技术对完成的作品做调整，使画面出现多种效果。

Ps

Chapter 03

第3章 玄幻风格作品的创作

本章包含两个案例 :《蟾蜍》和《金蟾妖》。这两部分的关系为 : 在创作思路方面,《蟾蜍》是在写实的基础上进行夸张和创作，而《金蟾妖》则首先考虑作品艺术效果，二者在创作思路上有明显的延续性和拓展性；从技术难度分析，前者使用的是常规的数字插画绘制技法，包含直接绘制、简单的素材合成、图层合成等，而后者则使用三维雕刻软件进行素材的基础搭建工作，然后再使用Photoshop的绘图模块进行绘制。三维软件的参与在当代数字插画创作过程中愈加频繁，可以有效提高创作效率，但也增加了技术难度。

3.1 写实与夸张——《蟾蜍》的创作

本案例既可以作为独立的数字插画创作作品，也可以看作为下一章节的创作所做的准备和练习。

3.1.1 确立主题

蟾蜍又称癞蛤蟆，两栖动物，体表有许多疙瘩，内有毒腺，喜隐蔽于泥穴、潮湿石下、草丛内、水沟边。白天多潜伏隐蔽，夜晚及黄昏出来活动。

蟾蜍虽丑陋，却寓意美好，自古以来就用“蟾宫折桂”来比喻考取进士。由蟾蜍形象演变而来的金蟾是招财瑞兽，古语有“家有金蟾，财源绵绵”。因此，生活中的金蟾工艺品十分普遍。《淮南子》曰 :“日中踆乌，月中有蟾蜍。”在古老的汉族神话传说中有，刘海收服金蟾，用来造福百姓，因此民间也流传“刘海戏金蟾”的故事。

总之，蟾蜍与我们的文化和生活有一定联系。在数字插画领域，蟾蜍独特的造型决定了它十分适合被放置在玄幻主题作品中呈现。

3.1.2 确定技法——直接绘制与素材合成

本案例的设定为夜晚石头上的蟾蜍，以红色、金色皮肤色为主，周围辅以烟雾。

绘制以常规技法为主，即前期直接绘制加后期素材合成的方法。直接绘制之前，建议多看相关素材，了解蟾蜍的细部特征，以便思考整体作品的构图和造型，为深入刻画做好准备。素材准备阶段，可适当搜集云、月、山石等素材，以备后期提高效率之用。

3.1.3 作品绘制

（1）画布起稿

① 新建A4画布，将宽度修改为297毫米，将文件命名为“蟾蜍”（图3-1）。

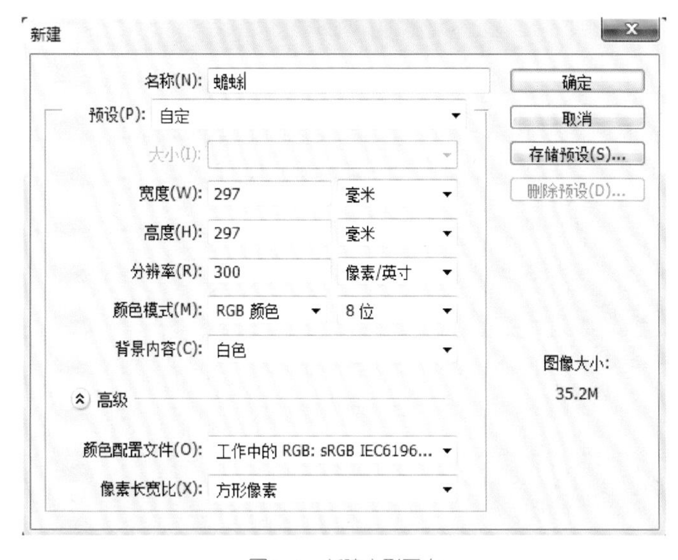

图3-1 新建方形画布

小提示

新建方形画布的方法很多，例如在新建A4画布之后进行裁切，或在菜单栏“图像”>“画布大小”中直接修改数值。

② 使用柔边圆画笔起稿绘制，其中不透明度设置为100%、流量设置为20%左右。起稿时在图层面板分好图层，分别命名为“金蟾1”“石头1”“背景1”和“底色”图层，其中“底色”层的颜色填充为R：74、G：74、B：74（图3-2、图3-3）。

图3-2 绘制草图

图3-3 图层分布

③ 在“金蟾”图层之下新建一个填充色与底色相同的剪影层，目的是减少上下图层对“金蟾”层半透明效果的影响，提高后续工作的绘画效率（图3-4）。

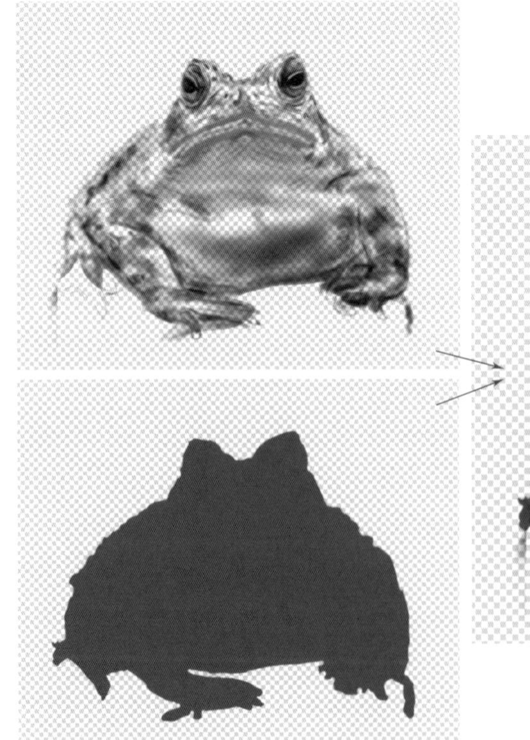

图3-4 制作剪影

小提示

本步骤使用的是制作选区剪影的方法，通过魔棒工具和图层切换快速制作金蟾剪影。也可以选择直接绘制剪影的方法。

④ 对图层面板的顺序进行调整，将“石头1”图层放置到顶层（图3-5）。

⑤ 点选“图层1”，使用橡皮擦工具擦除剪影边缘溢出的部分，橡皮擦流量设置为35%（图3-6）。

图3-5　调整图层

图3-6　修整边缘

（2）基础塑造

① 整理图层，在图层面板按住Ctrl键点选“金蟾1”和“图层1”两个图层，按Ctrl+Alt键盖印所选图层，将新生成的图层命名为“金蟾3”。

② 对新建图层进行着色：选择“金蟾3”图层，执行菜单栏“图像”>“调整”>“色相/饱和度”，参数设置及效果如图3-7和图3-8所示。

③ 头部塑造：复制“金蟾3”图层并将复制的图层命名为“金蟾4”图层，使用柔边圆画笔开始第一遍基础塑造，塑造过程中不透明度为100%，流量为20%左右。蟾蜍的眼部细节和色彩丰富，需要参考大量素材，塑造时注意眼球反光、眼皮和眼球的嵌套关系等（图3-9～图3-11）。

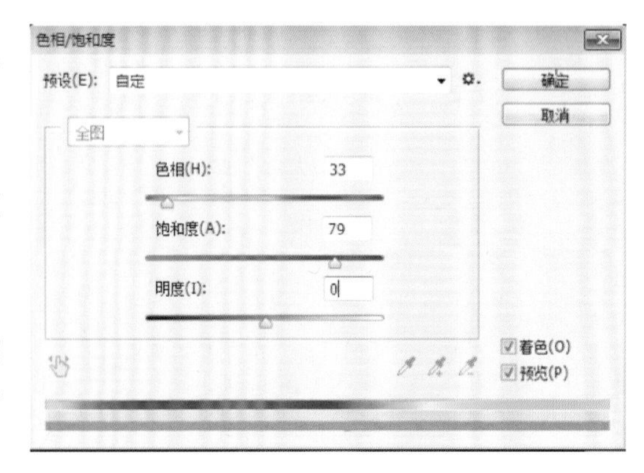

图3-7　图像着色

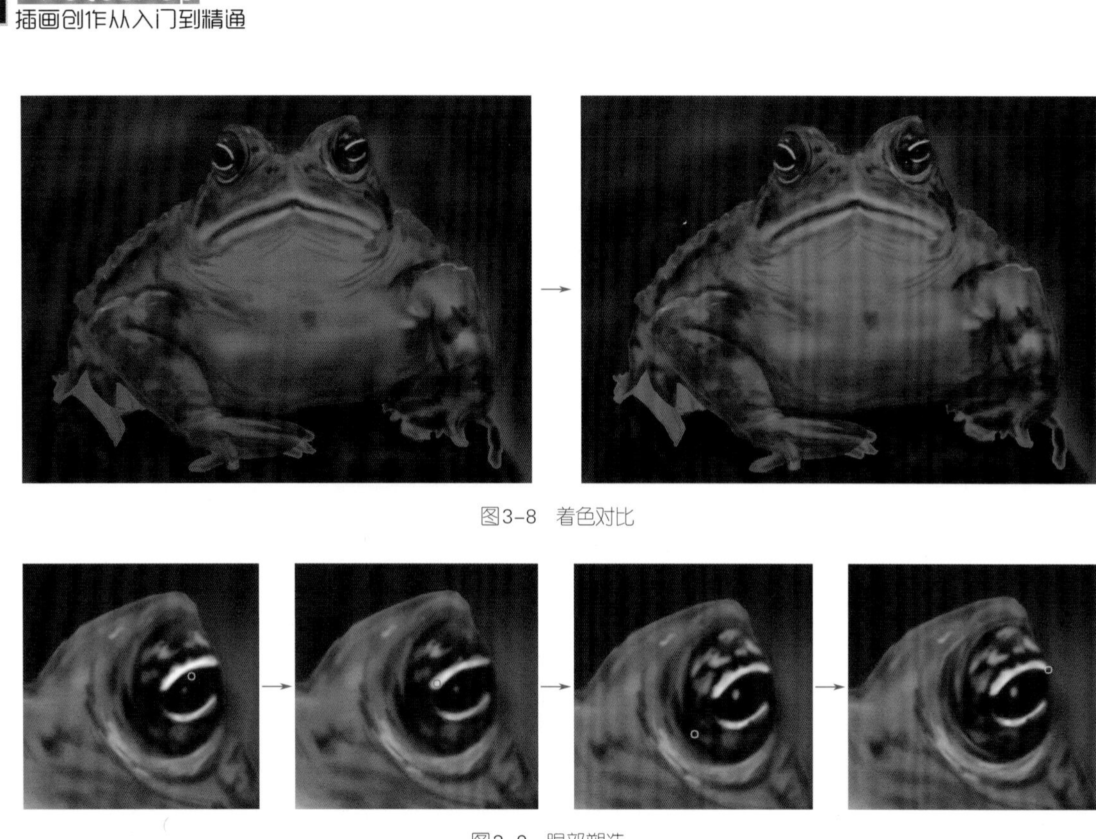

图3-8　着色对比

图3-9　眼部塑造一

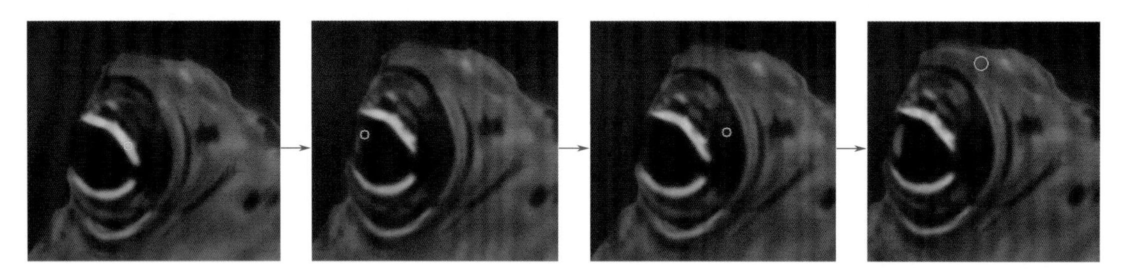

图3-10　眼部塑造二

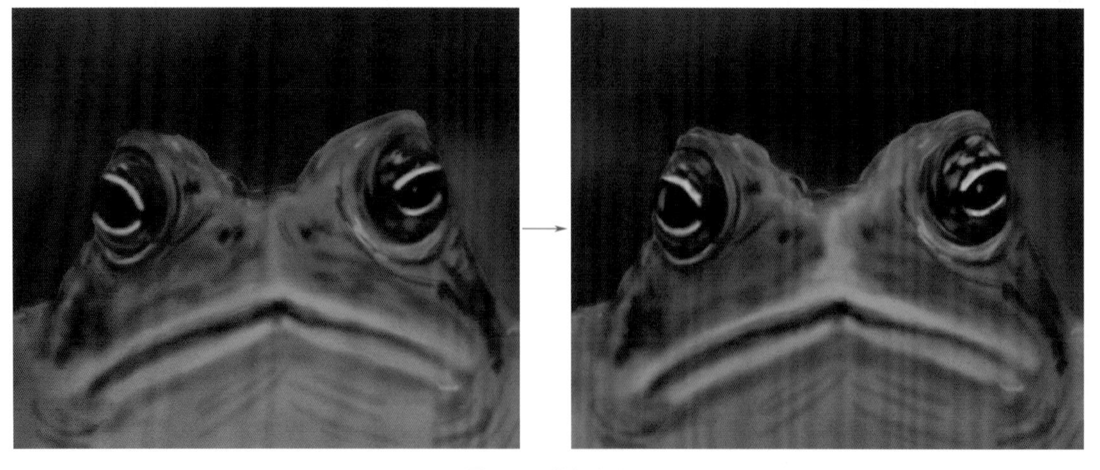

图3-11　头部塑造

④ 身体塑造：身体塑造主要分为三个步骤，首先是使用大笔刷为身体两侧添加暗红色（R：124、G：42、B：1），然后对身体的整体亮部和暗部做区分，加重肚皮暗部（使用工具箱中的加深工具，曝光度设置为19%），最后对蟾蜍的腿部进行基础塑造（图3-12 ~图3-14）。

⑤ 背景着色：按键盘Ctrl键点选“背景1”图层和“底色”图层，再按Ctrl+Alt键盖印所选图层，将新生成的图层命名为“背景2”（图3-15）。同样使用“色相/饱和度”功能对“背景2”图层着色，参数设置及效果如图3-16、图3-17所示。

图3-12 身体塑造一

图3-13 身体塑造二

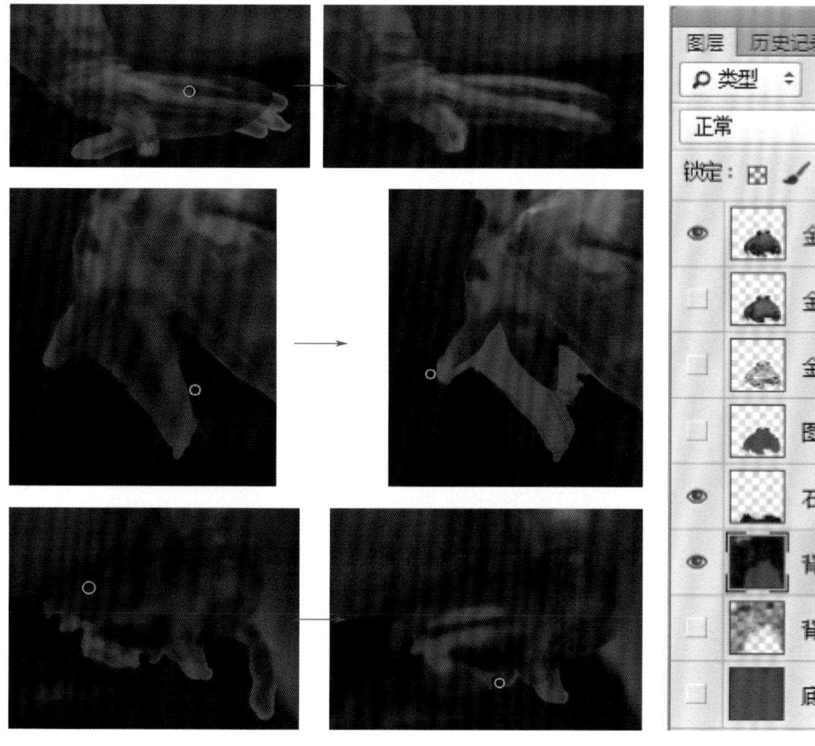

图3-14 身体塑造三

图3-15 盖印图层

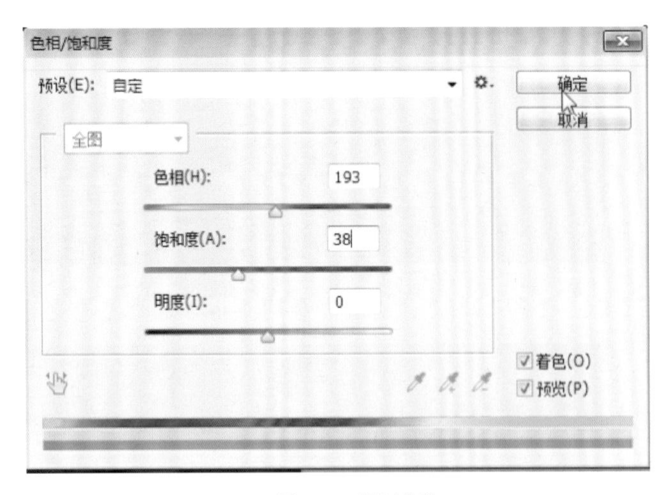

图3-16　图层着色

图3-17　着色效果

⑥ 在背景图层之上新建空白图层并命名为“图层2”，在新建图层上绘制背景中的云和月亮（图3-18）。

图3-18　背景塑造

⑦ 前景绘制：在图层面板的最上层新建空白图层并命名为“前层云雾”，在新建图层绘制缠绕在蟾蜍脚下的云雾，绘制完成后降低图层不透明度至52%（图3-19）。

基础塑造阶段的图层分布如图3-20所示。

图3-19 前景绘制

图3-20 图层分布

（3）深入刻画

① 图层调色：复制“金蟾4”图层并重命名为“金蟾5”，执行菜单栏“图像”>“调整”>“色彩平衡”，对新建图层进行两遍颜色调整，参数设置及效果如图3-21、图3-22所示。

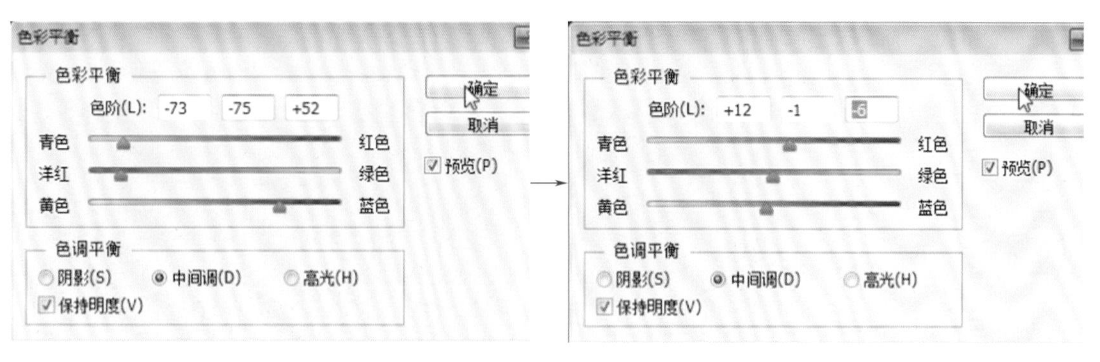

图3-21 图层调色

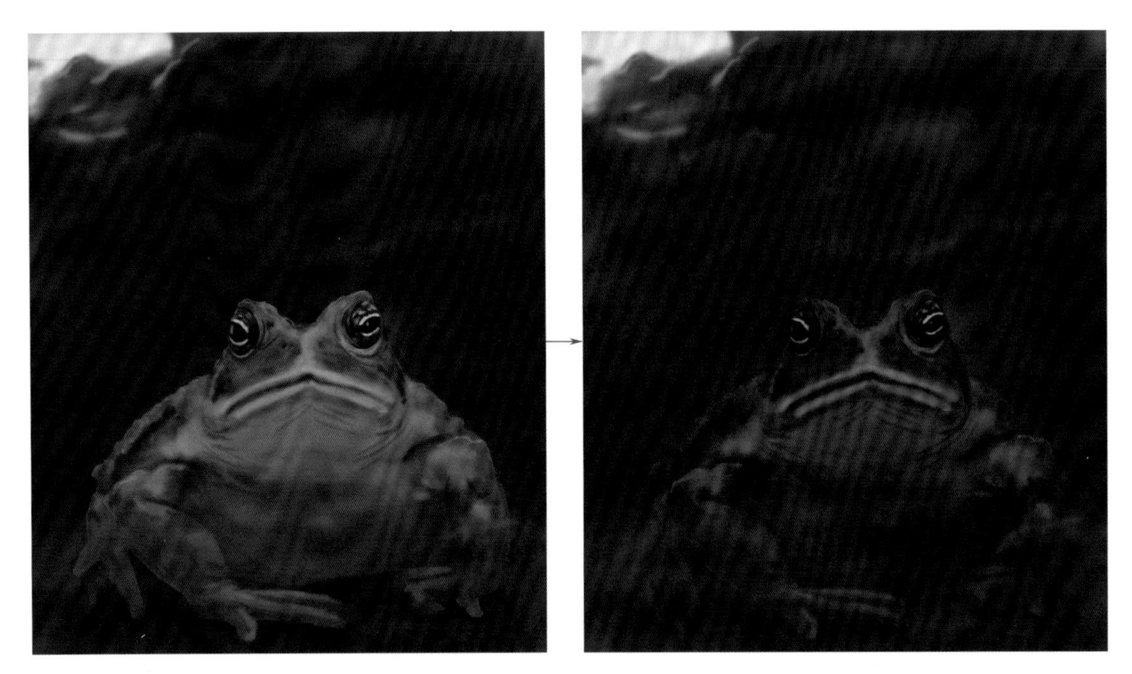

图3-22　调色对比

② 图层整理：在“金蟾5”图层之上新建空白图层并命名为“金蟾6”，将之前绘制的各个金蟾图层合并到一个图层组中，命名为“金蟾”组（图3-23）。在“金蟾6”图层进行深入刻画。

③ 金蟾刻画：从眼睛开始对蟾蜍进行深入刻画，刻画完成后使用混合器画笔工具对笔触进行融合，参数设置依次为，潮湿：10%、载入：5%、混合：50%、流量：10%（图3-24～图3-28）。

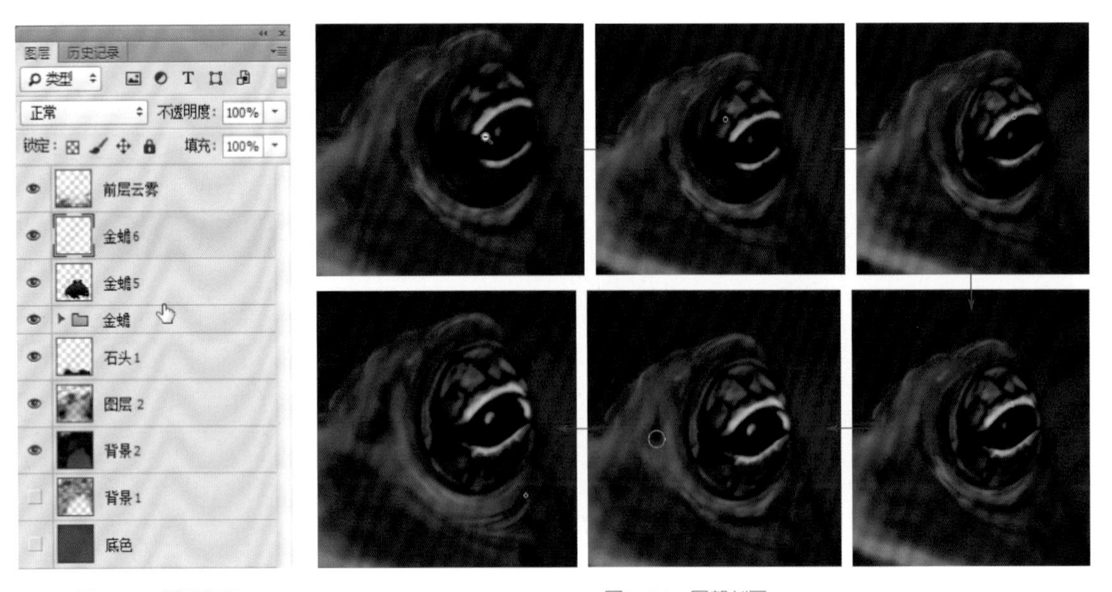

图3-23　图层整理

图3-24　局部刻画一

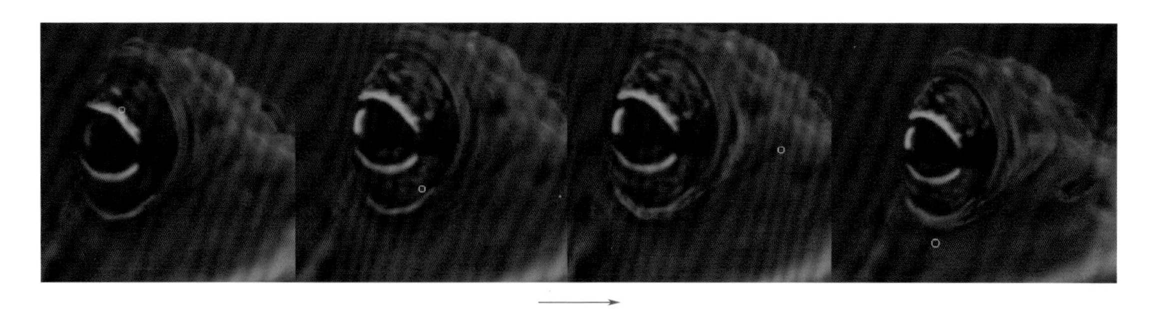

图3-25 局部刻画二

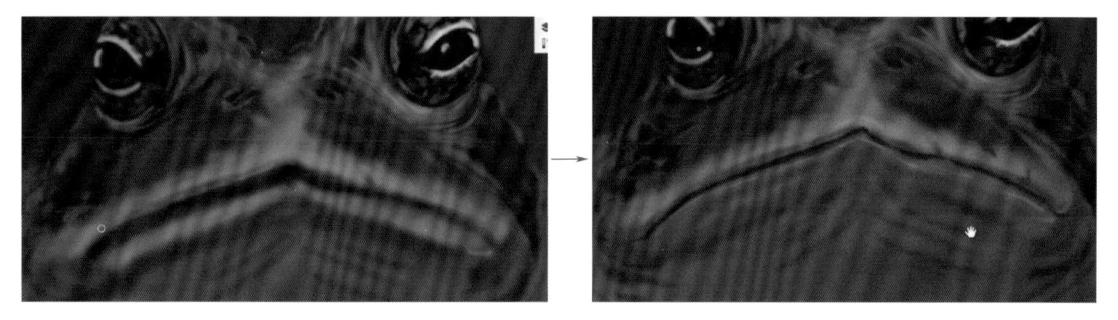

图3-26 局部刻画三

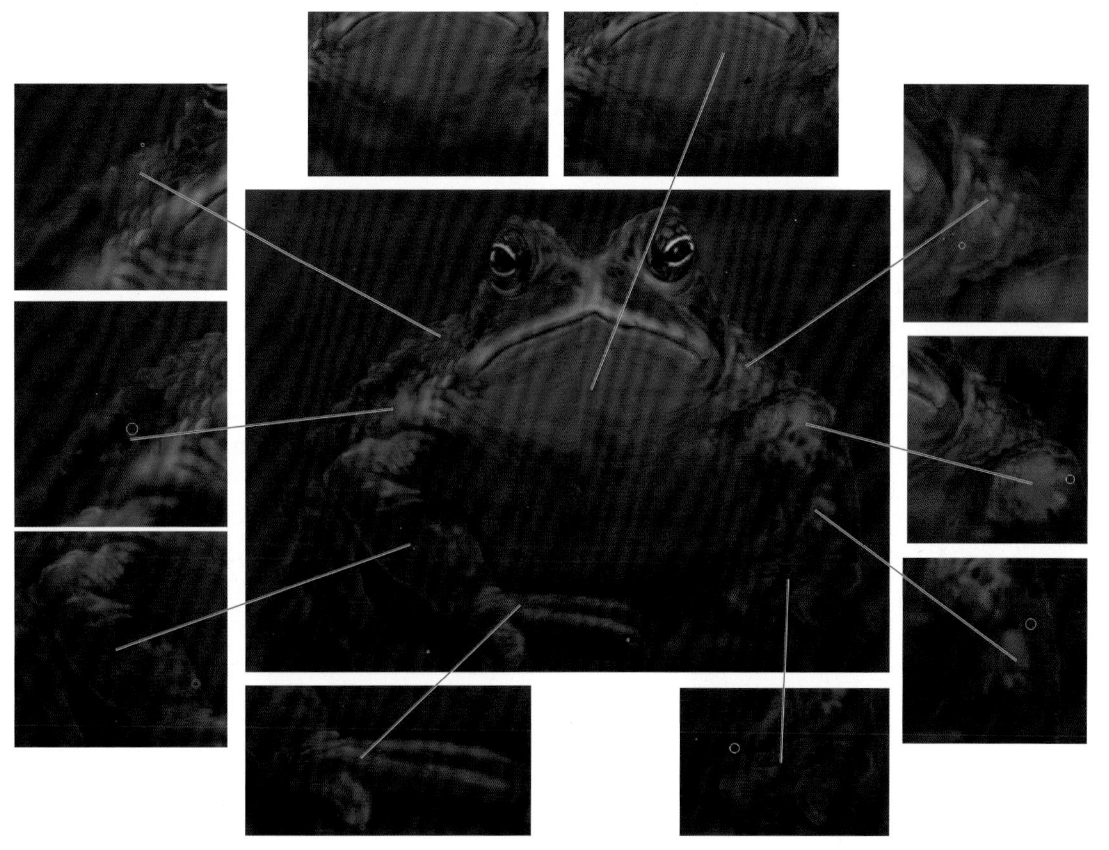

图3-27 局部刻画四

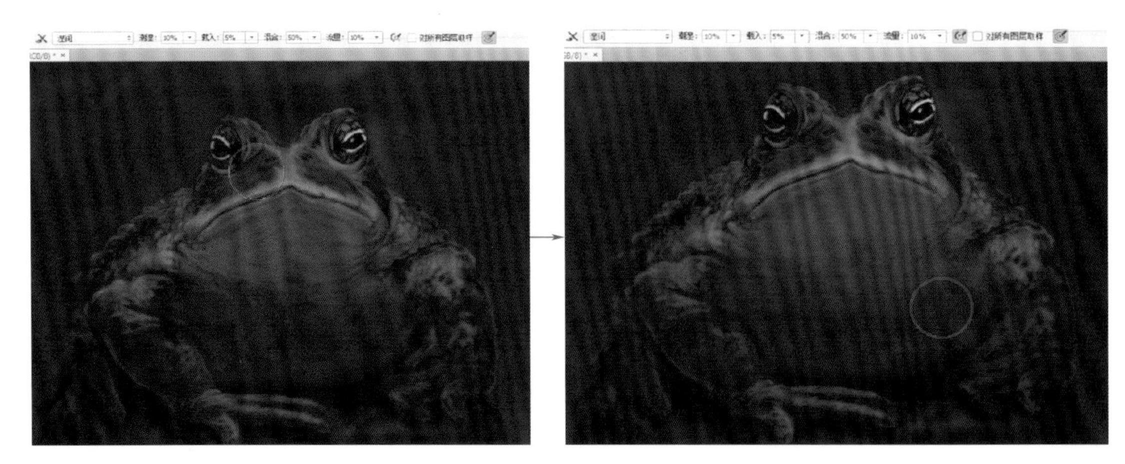

图3-28　笔触融合

④ 暗部加重：将“金蟾5”“金蟾6”图层盖印新图层并命名为“金蟾7”图层，使用工具箱中的加深工具（曝光度设置为19%）对“金蟾7”图层的暗部进行加重，处理后效果如图3-29所示。

图3-29　暗部加深

⑤ 石头刻画：在“石头1”图层之上新建空白图层并命名为“石头2”，对石头进行简单刻画，由于画面光线未做最终明确，且有前层烟雾遮挡，所以当前石头的刻画并不作为重点（图3-30）。

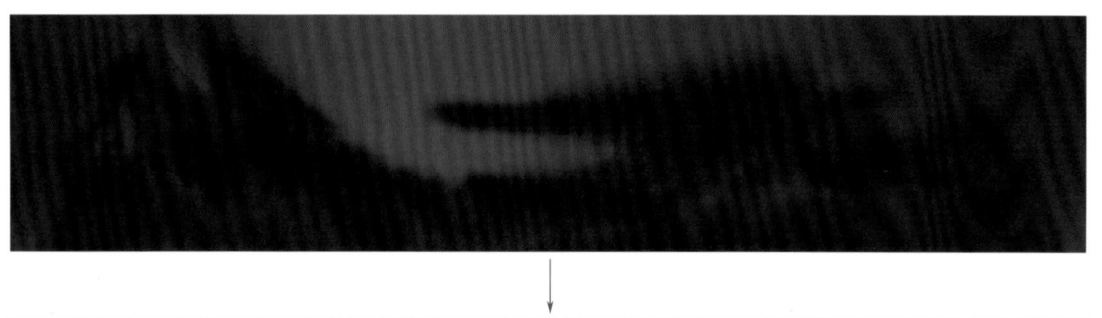

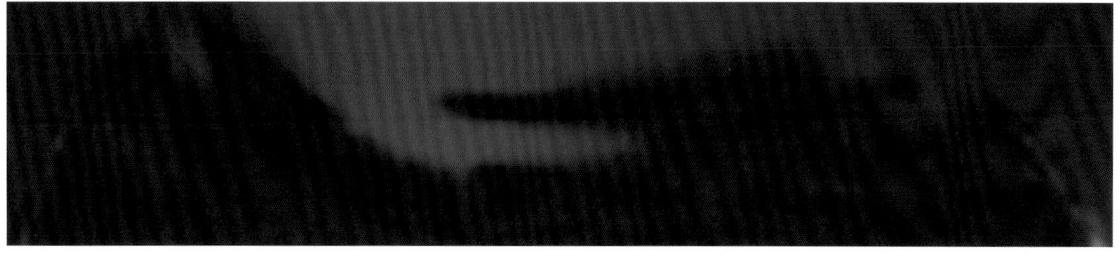

图3-30 刻画石头

（4）精细刻画

① 蟾蜍刻画：在“蟾蜍7”图层上方新建空白图层并命名为“蟾蜍8”，在新建图层进行蟾蜍的精细刻画，本步骤的主要目的是完善蟾蜍的亮部皮肤细节（图3-31）。

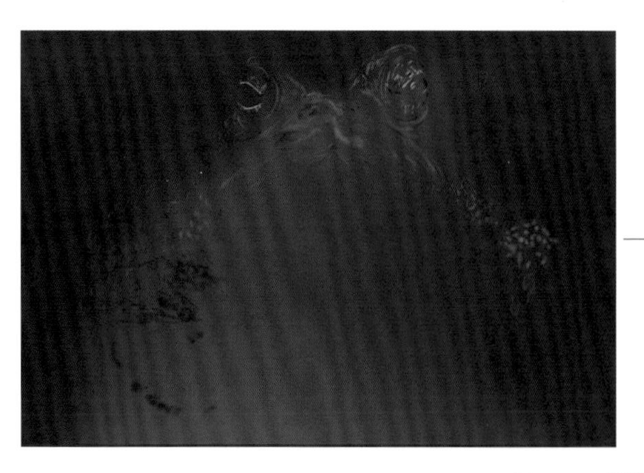

图3-31 精细刻画

② 在“蟾蜍8”图层之上新建空白图层并命名为“蟾蜍9”图层，在新建图层完善金蟾的最终细节（图3-32）。通过对比可见，在本步骤的刻画中，首先精细刻画了蟾蜍的皮肤褶皱，增添了皮肤纹理的细节，然后再为表皮受光部分增加了一层高光。绘制完成以后，对暗部笔触进行模糊和颜色混合（图3-33 ~图3-37）。

图3-32　新建图层

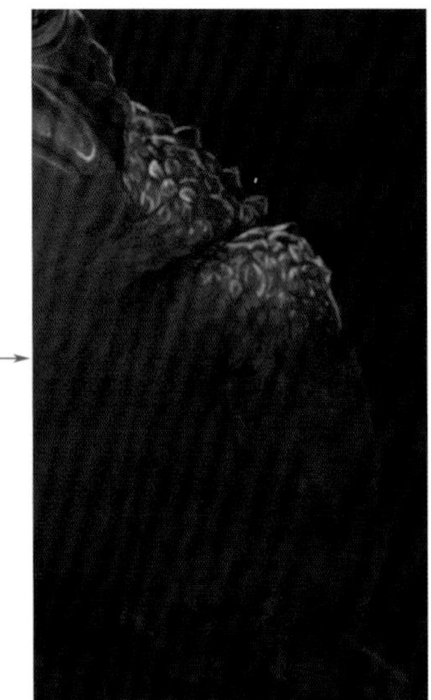

图3-33　最终细节一

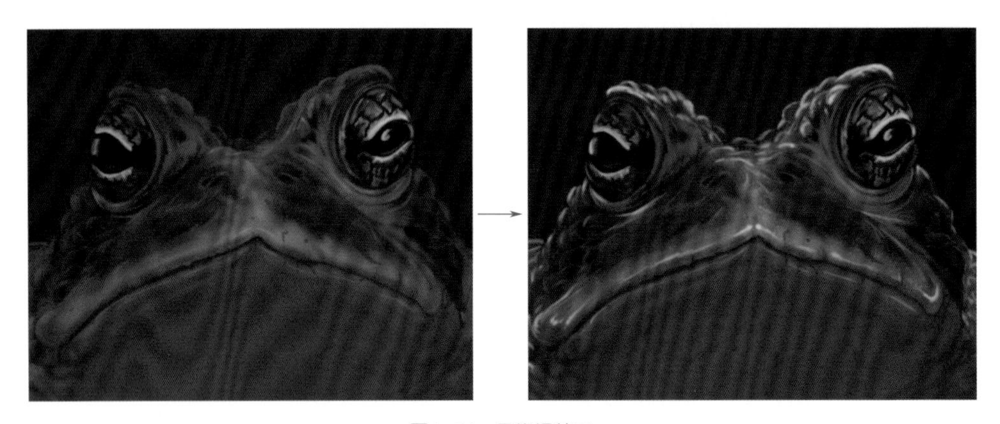

图3-34　最终细节二

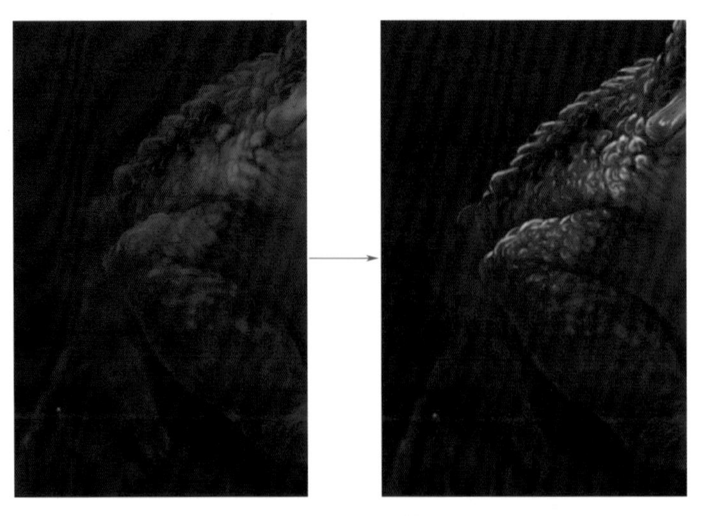

图3-35　最终细节三

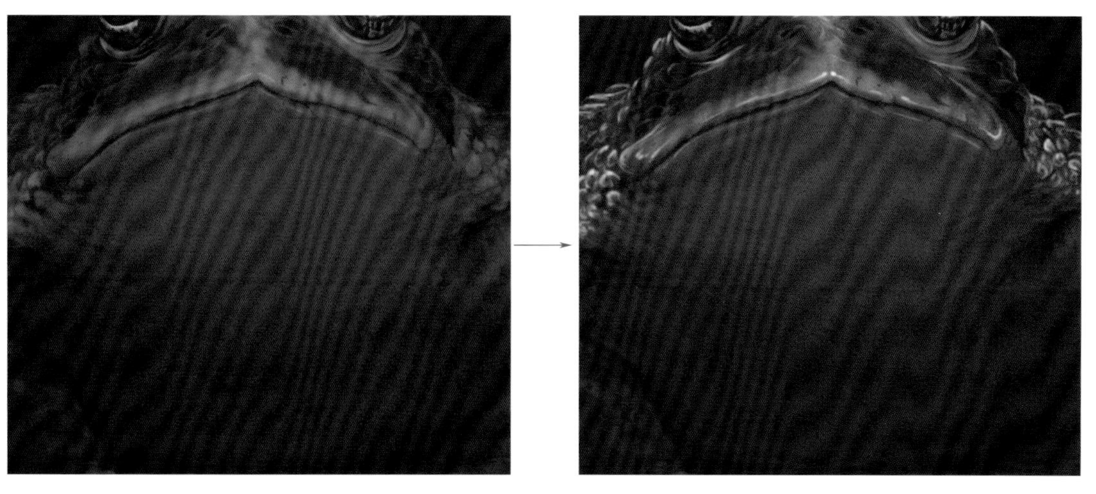

图3-36 最终细节四

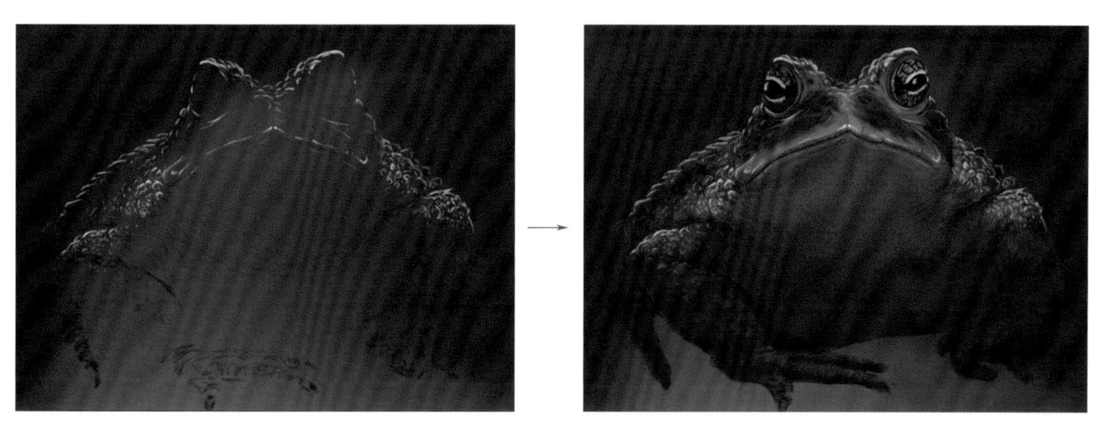

图3-37 蟾蜍完成

（5）作品完善

本步骤主要处理三方面内容：将蟾蜍脚下的云雾作为画面前景、增添中景的远山、刻画背景天空中的云和月。

① 绘制前景：这里使用柔边圆画笔绘制配合外置云雾笔刷快速完善效果的方法。首先载入本书素材中的“云雾笔刷案例3-1”，找到新载入的笔刷，拾取画面中现有的亮色和暗色反复叠加绘制，绘制时为避免画面重复，需不断调整云雾笔刷的大小（图3-38）。绘制完成后降低图层透明度至45%。效果如图3-39所示。

② 添加远山：绘制到本阶段画面已基本完成，通过观察可见画面景深不够丰富，因此增加一个中间层“远山”图层，远山在蟾蜍和石头之后、背景云月之前，因此要注意新建图层的位置。这里使用的是直接调用素材的方法，即导入现成素材使用。具体步骤如下，首先打开照片素材，使用快速选择工具（图3-40）选择天空部分，然后点击右键点选“选择反向”（图3-41），使用移动工具直接将山的选区拖拽到“蟾蜍.psd”文件中，通过自由变换工具（快捷键Ctrl+T）、亮度/对比度工具、色相/饱和度工具（快捷键Ctrl+U）的使用（图3-42），将图片调整到合适的颜色和位置，简单绘制一些山体即可完成远山的添加（图3-43）。

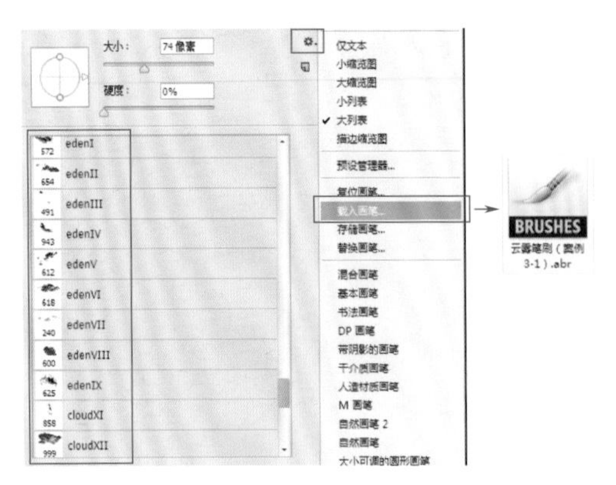

图3-38 载入画笔

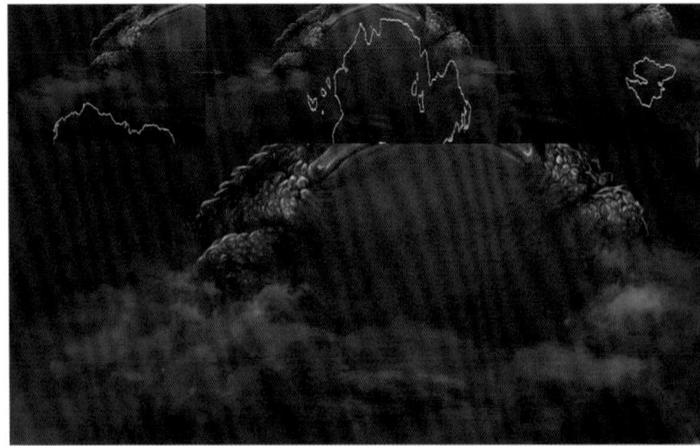

图3-39 前层云雾

图3-40 快速选择

图3-41 选择反向

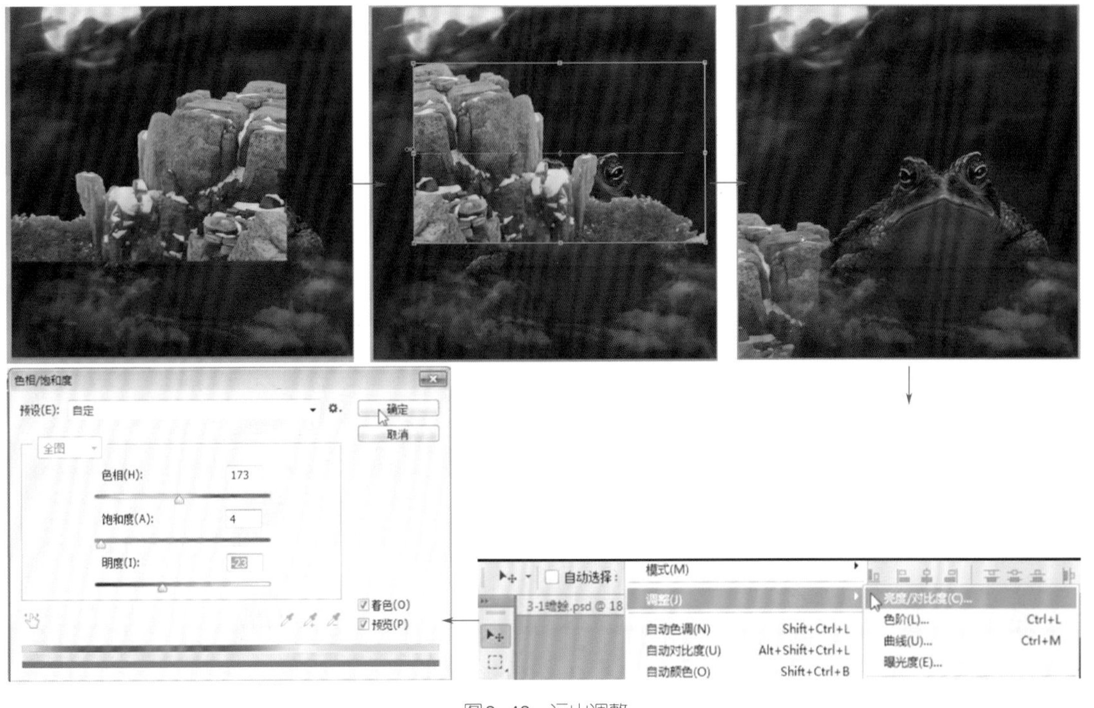

图3-42　远山调整

③ 绘制背景：本步骤通过基础绘制和云雾画笔快速造型的方法交替完成（图3-44）。

图3-43　完成添加

图3-44　背景绘制

（6）作品完成

整理图层（图3-45），完成本作品的绘制（图3-46）。

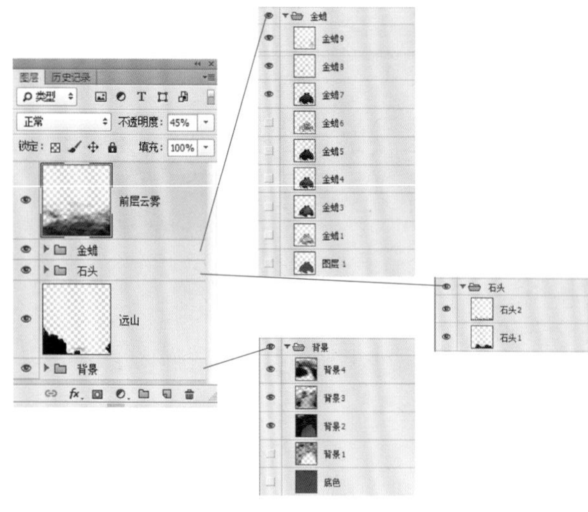

图3-45　图层整理

图3-46　作品完成

3.2 《金蟾妖》的创作

作为上一案例的延续和拓展，本案例继续以蟾蜍作为创作素材。在当代数字插画创作尤其是商业插画领域，玄幻、魔幻、神怪题材极为常见。无论是以异形、怪兽、神话传说还是以日常所见的动物作为素材的创作形式，还是直接根据需要进行的角色、场景的设定，都建立在人的经验和认识的基础之上，也都遵循着“源于生活而高于生活”的创作理念。

3.2.1　确立主题

本案例设定为一只匍匐在山石之上的金蟾妖怪形象。金蟾妖皮肤恐怖，面目狰狞，整体环境气氛阴沉昏暗，有玄幻之感。

3.2.2　确定技法——三维合成法

三维合成法指的是在数字插画创作过程中辅以三维软件完成作品的方法。三维合成法主要在数字插画的前期使用，常被应用于两种情况，一种是在创作以室外场景尤其是建筑类场景为主的数字插画作品时，在三维软件中搭建基础模型，利用软件特性打光渲染，确保透视和光影的准确性；另一种是在刻画较为精细和复杂的形体时，利用三维软件尤其是数字雕塑软件的优势，快速完成表皮纹理的刻画。

常用的三维软件和数字雕塑类软件有Maya、3ds Max、Soft image/XSI、Cinema 4D、ZBrush、Mud-box和3D-Coat等，以上软件各有优势又互为补充，插画师应熟练掌握一个三维软件以便于数字插画创作。

通过作品预设可以想象到，金蟾妖这一角色源自自然界中的蟾蜍这一生物，蟾蜍皮肤布满疙瘩，因此金蟾妖尽管进化成人形但体表还保持蟾蜍体貌。本案例选择使用Zbrush数字雕刻软件完成基础模型，一是考虑三维模型本身具有体积感，可以对画面整体或局部的体积、空间做基础布局，二是考虑数字雕塑软件在刻画繁复的形体尤其是疙瘩、鳞片、疤痕时效率极高。

3.2.3 数字雕塑软件——ZBrush简介

本书第1章“数字插画创作的准备工作”相关内容已对ZBrush进行了一定介绍，受限于本书篇幅，本小节以ZBrush的正常安装为前提开始介绍，且仅涉及案例中使用到的功能及技法。

（1）软件功能

ZBrush被设计为数字雕刻和绘画功能的集合，但在实际应用中由于其数字雕刻功能的强大导致人们使用其绘画功能的情况少之又少。在实际使用过程中，不难发现一个有趣的现象，由于ZBrush界面布局和操作流程的特殊性，导致在初学过程中，没有三维基础反而更不易受固有思维的影响，因此，如果在众多三维软件中选择一个作为数字插画的辅助工具，ZBrush无疑是极具吸引力的（图3-47）。

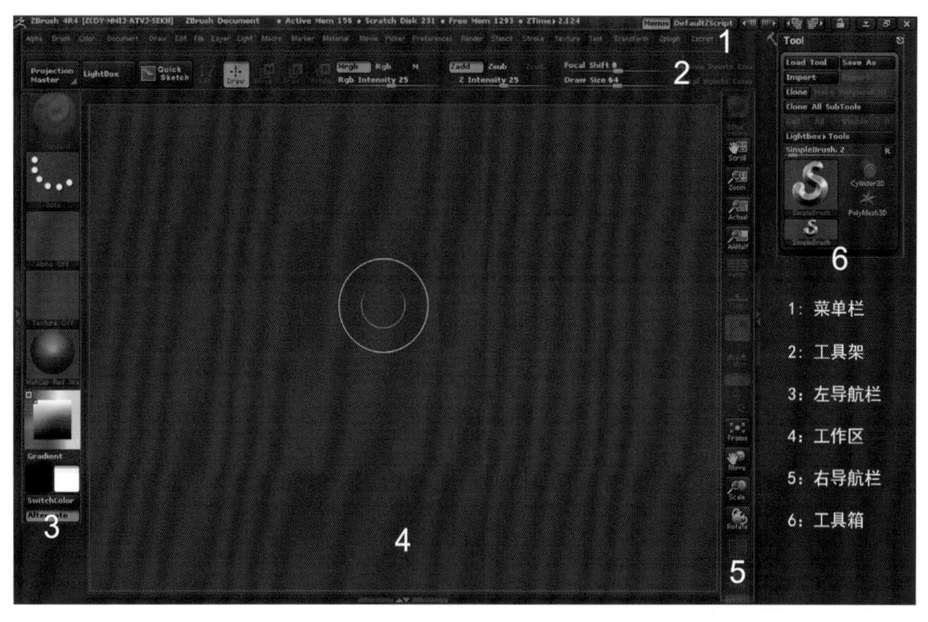

图3-47 ZBrush界面

（2）建模方式对比

传统的三维软件在建模时一般有三种方法，第一种是Nurbs建模（又称曲线建模），第二种是Polygon建模（又称多边形建模），第三种是Subdivs建模（又称细分建模）。传统建模方式主要是通过对模型的点、线、面进行一步一步的调节，从简单几何体逐步细化成最终模型，这样做不仅效率极其低下，而且很难制作出细节非常多、纹理非常复杂的模型。因此传统建模方式中高精度模型对材质贴图的依赖性很强，通过材质贴图给人造成表面凹凸的假象，实质上制作出来的模型没有那么多细节，而且传统建模软件对模型面数有一定的要求，当模型的面数很多的时候软件就会耗费大量的系统资源，运行起来就会很吃力。

ZBrush对于各种复杂、高精模型的搭建非常容易。它将三维动画中间最复杂最耗费精力的角色建模和贴图工作，变得像泥塑那样简单。设计师可以通过手写板或者鼠标来控制ZBrush的立体笔刷工具，自由自在地随意雕刻和创作。而且ZBrush能够雕刻高达10亿多边形的模型，完全解放了艺术家们的想象力，可以轻松完成大量细节（图3-48）。

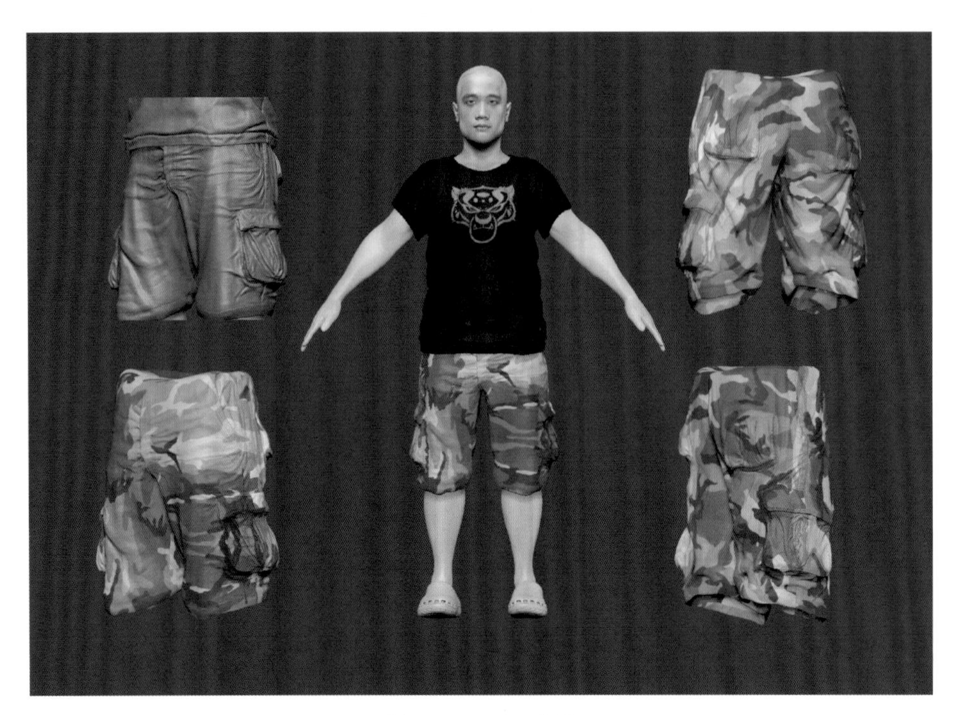

图3-48　ZBrush作品

（3）前期工作

如图3-49所示，在正式进行数字雕塑工作之前，有一些相对模式化的准备工作：首先软件启动时默认展开LightBox，如不使用则需要点击关闭（步骤1，快捷键为键盘“，”键）；然后通过Tool工具面板载入模型或双击载入内置几何模型（步骤2）；进入编辑模式（步骤3，快捷键为键盘“T”键）之后选择一个笔刷（步骤4），设置笔刷参数（步骤5）之后，按键盘“X”键开启对称雕刻（步骤6），即可开始正式的雕刻工作。

（4）一般工作流程

ZBrush软件的一般工作流程可以概括地分为对称雕刻阶段和非对称雕刻阶段。所谓对称雕刻指的是无论雕刻角色的局部还是进行整个身体的雕刻时，都开启对称雕刻的功能，目的是为了提高工作效率，在一侧雕刻时可以在模型对称位置进行同样的操作。开启对称雕刻功能的标志是在模型对称部位出现小红点。非对称雕刻指的是在完成前期雕刻工作之后，为数字雕塑作品添加非对称元素、刻画角色表情、调整个性化动作之前，关闭对称雕刻功能，只进行单侧的操作。ZBrush的工作流程可以简述为，首先选择内置几何体，通过选择不同的笔刷进行细节的逐步丰富，通过打开对称雕刻进行基础工作，然后关闭对称雕刻完成作品细节，之后选择合适的材质球、调整合适的镜头角度，进行最终的模型渲染，并导出静帧或视频（图3-50）。

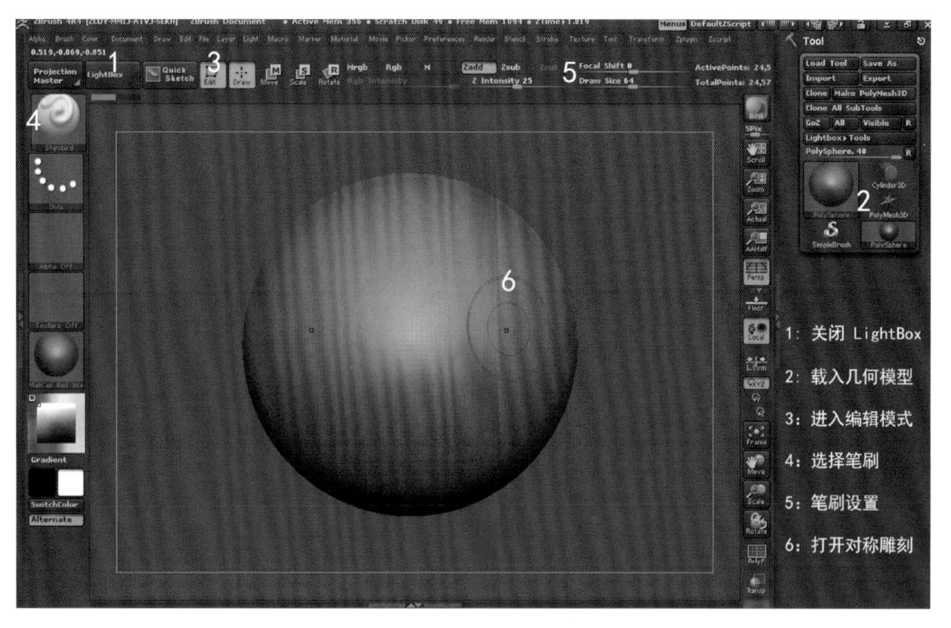

图3-49 准备工作

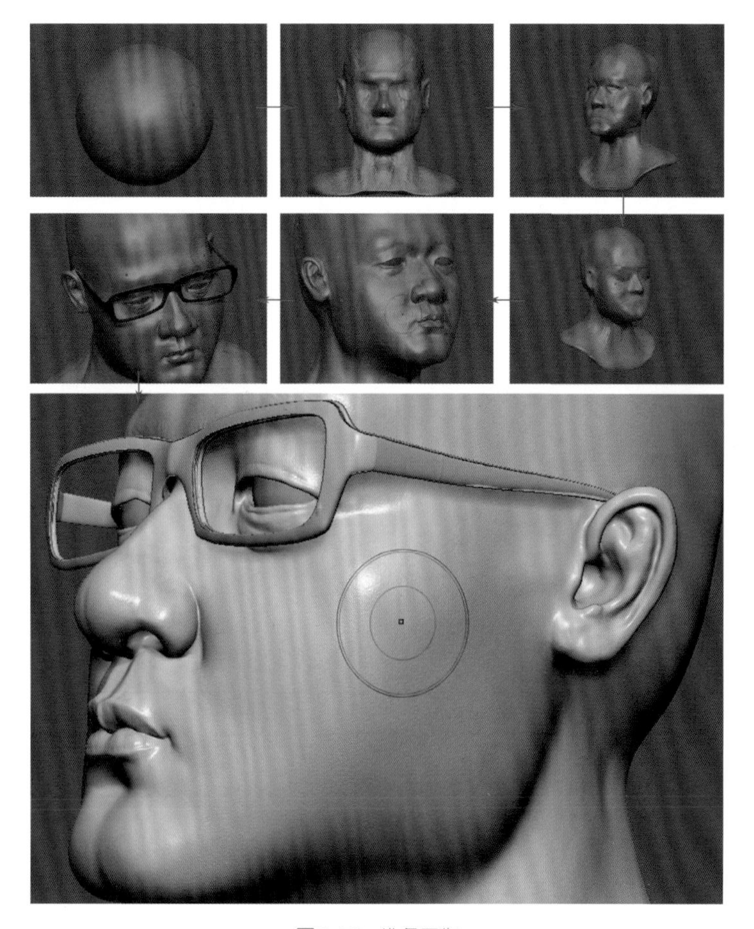

图3-50 准备工作

（5）其他工作流程

ZBrush软件还有一些常用的工作流程，例如在Tool工具面板直接导入现成模型进行修改和完善（图3-51红框处）。其中，Load Tool只能载入后缀为“ztl”的模型文件，而Import可以导入更多格式的文件。这种方式增加了软件互通，优化了工作流程。

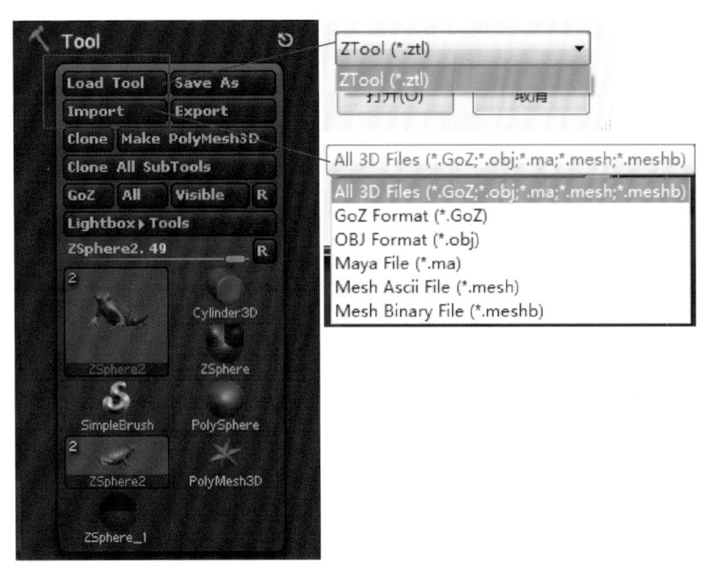

图3-51　载入模型

另外，还可以使用ZBrush软件极具特色的Z球工具搭建个性化模型的基础模型，然后在新生成的模型上进行之后的造型工作（图3-52、图3-53）。

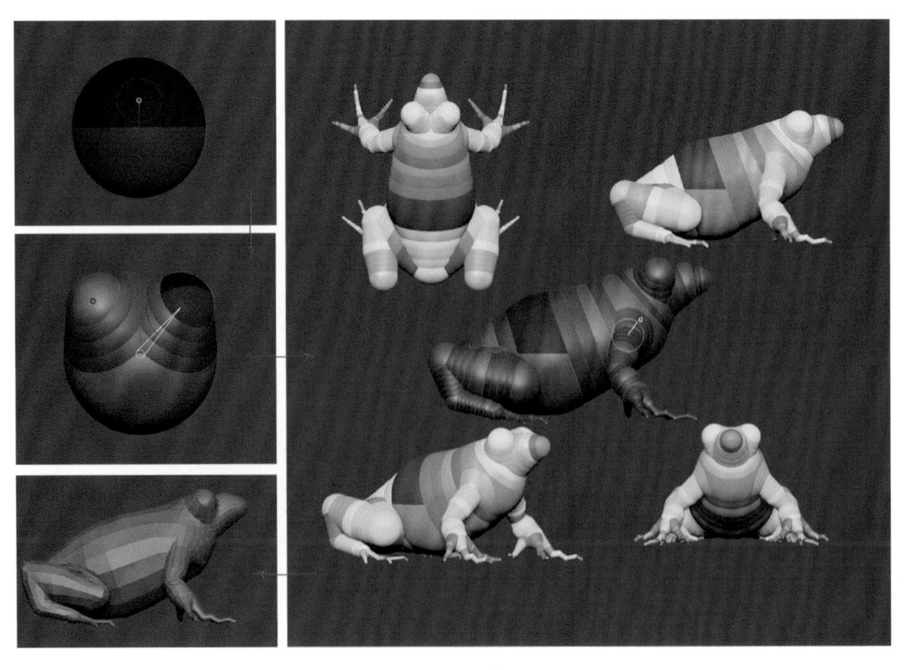

图3-52　Z球建模范例一

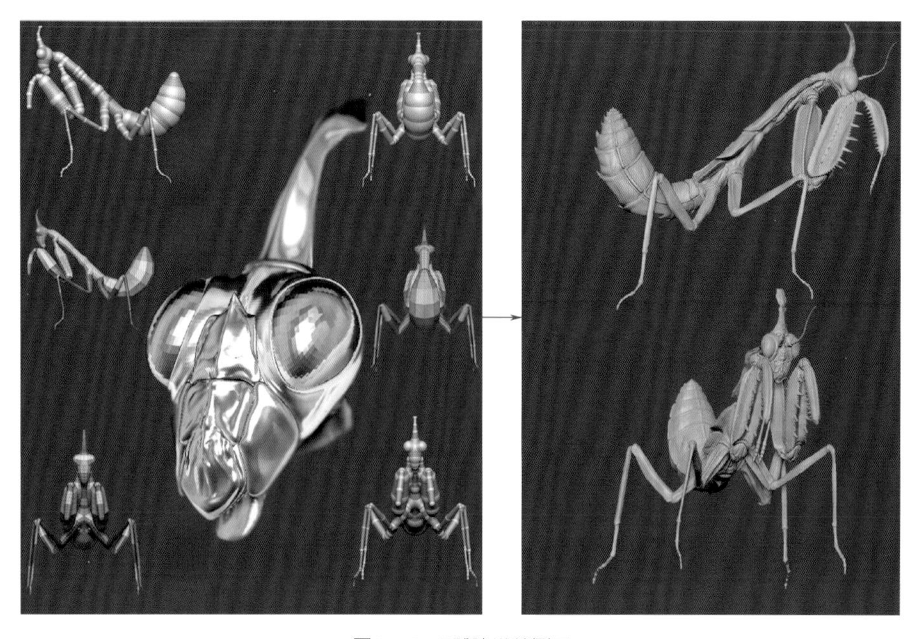

图3-53　Z球建模范例二

3.2.4　作品绘制

（1）绘制气氛图

确定主题之后首先需要将气氛图（或草稿、草图）绘制出来，先画气氛图的好处是可以对画面的比例、构图、整体气氛做出预估，同时将画面中会出现的元素展示出来，方面后续工作的展开。

① 新建宽、高各30厘米，分辨率300，颜色模式为RGB的画布，并将文件名称改为“3-2”（图3-54）。

新建
名称(N): 3-2
预设(P): 自定
大小(I):
宽度(W): 30 厘米
高度(H): 30 厘米
分辨率(R): 300 像素/英寸
颜色模式(M): RGB 颜色 8 位
背景内容(C): 白色
高级
颜色配置文件(O): 工作中的 RGB: sRGB IEC6196...
像素长宽比(X): 方形像素
确定
取消
存储预设(S)...
删除预设(D)...
图像大小:
35.9M

图3-54　新建画布

② 在新建画布上绘制分层气氛图，通过图3-55可以看到本案例的基础构思，其中前景部分为遮挡镜头的两棵树，中景部分为沼泽中的金蟾妖及其周围部分，远景层次丰富，包括远山、蟾蜍造型以及天空中的云和月。作为主体物的金蟾妖行走在月光下的沼泽地，手中正在施法。

图3-55 画气氛图

（2）ZBrush建模

本步骤主要是塑造金蟾妖模型三维造型，选择使用软件自带模型修改的方法完成。需要强调的是，ZBrush只是完成主体物的基础效果，使用中以高效快速为主，后期仍需在Photoshop中完善细节、修改模型错误和增添画面效果。

① 加载文件：打开ZBrush软件，在展开的Lightbox中找到Project文件，向左滑动后找到并双击内置文件，将文件载入到画布（图3-56）。

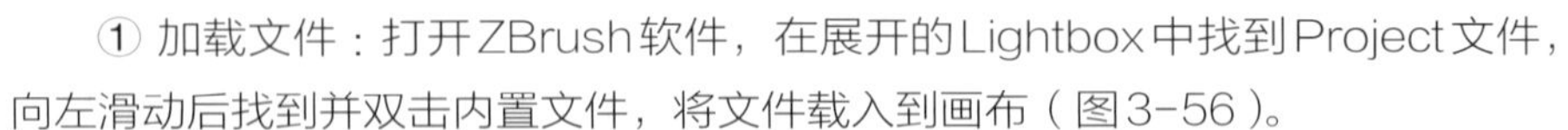

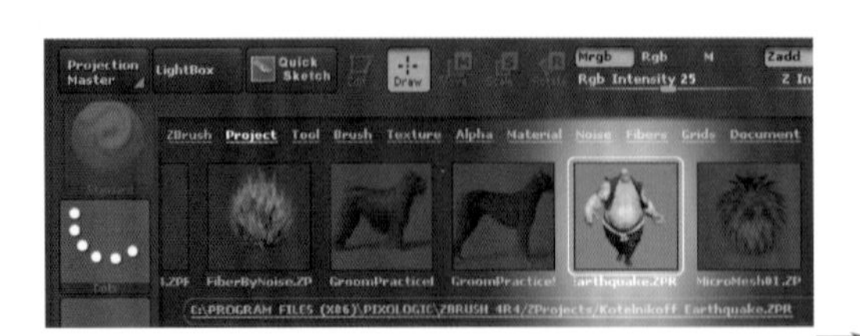

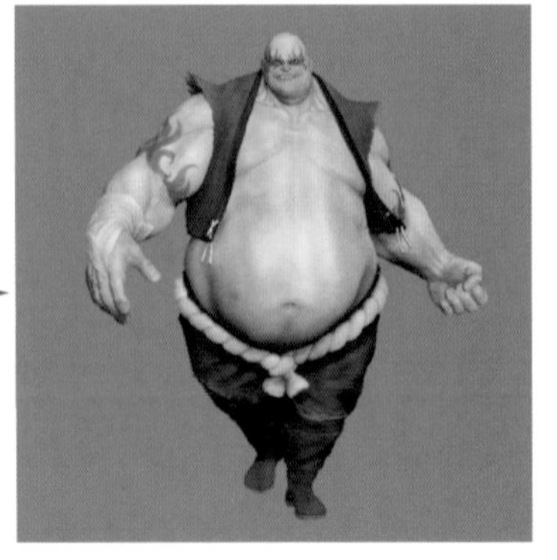

图3-56 载入文件

② 文件处理：如图3-57所示，在软件右侧工具箱的Subtool工具面板依次选择不需要的图层（步骤1），单击Delete按钮（步骤2），在弹出面板中选择Always OK（步骤3），之后关闭保留图层的颜色显示（步骤4，画笔图标）。最后在Tool面板中点击Save As，将文件保存成ztl格式文件。完成后的文件包含3个图层：角色身体、眼睛和牙齿，完成后的效果对比如图3-58所示。

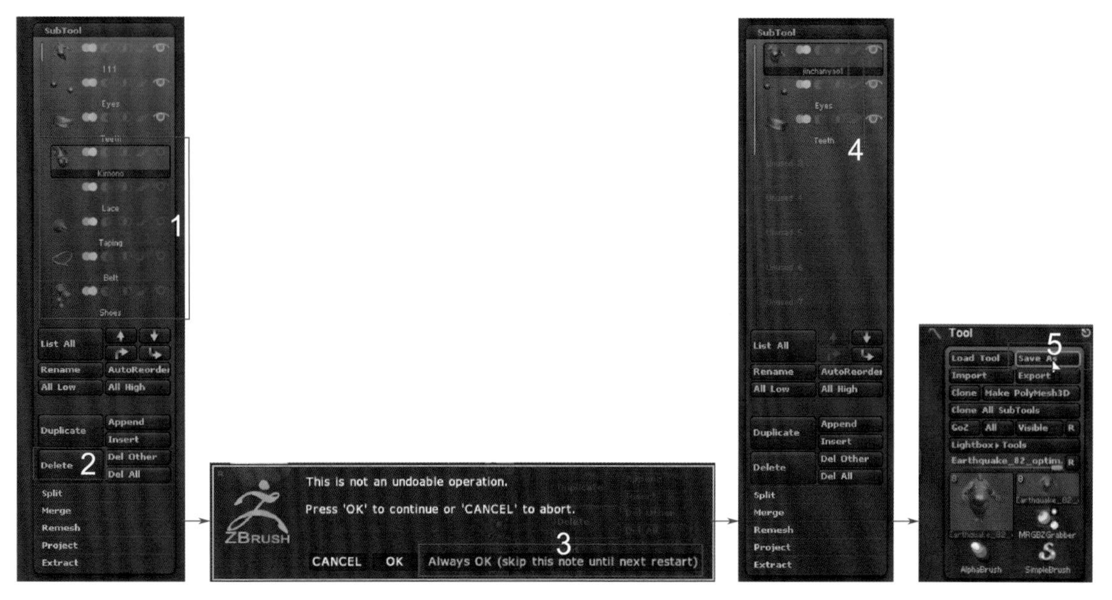

图3-57 文件处理

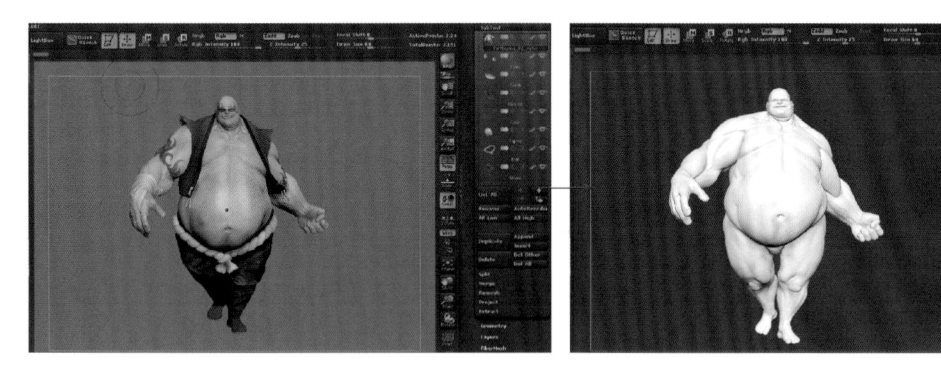

图3-58 前后对比

③ 动作调整：ZBrush调整模型动作有两种常用方法，一是遮罩调整法（画遮罩锁定不需要调整的部位，然后对需要调整的部位进行移动、旋转和缩放）；二是Z球绑定法（使用Z球搭建并模仿骨骼，绑定到模型进行精确调整）。两种方法各有优势，本步骤仅对模型进行简单调整，因此使用遮罩调整的方法完成。

④ 绘制遮罩：首先找到软件右侧的Geometry面板查看角色身体模型的细分级别，将细分级别降低到SDiv4，在左侧导航栏进行遮罩画笔的切换和设置（按键盘Ctrl键临时切换到MaskPen，将Strokes点击切换到Lasso模式），在画布上圈出需要调整的手部位置，然后在

模型上单击遮罩边界线使其过渡自然，按Ctrl键并在模型以外的画布空白处单击使遮罩区反选，完成选区的绘制（图3-59）。

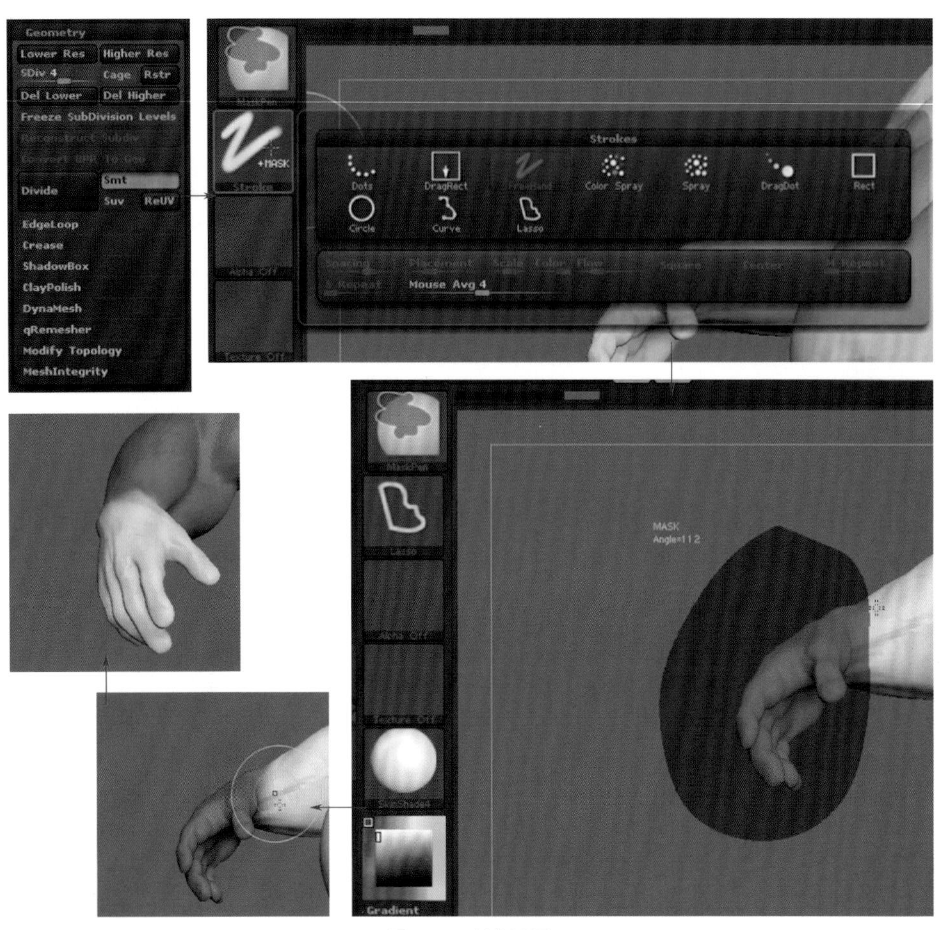

图3-59　绘制遮罩

小提示

① 本步骤的思路可以简单理解为想要调整哪个部位，就绘制遮罩锁定其他部位。

② 遮罩调整法对模型细分级别的选择有一定要求，在调整时，模型的细分级别不要太高也不要太低，保证合适的面数即可。而且在完成动作调整以后，可以切换到高级别观察模型细节的错误部位，视情况进行修补。

图3-60　调整按钮

⑤ 调整动作：本步骤通过绘制行动线并操作工具架上的移动、缩放和旋转来完成模型动作的调整（图3-60）。在使用行动线进动作调整时，需调整到不同的视角以保证其准确性（图3-61）。

使用同样的方法对角色的另一只胳膊的动作进行调整，最后在MaskPen工具模式下在画面空白处拖拽方框取消遮罩（图3-62）。

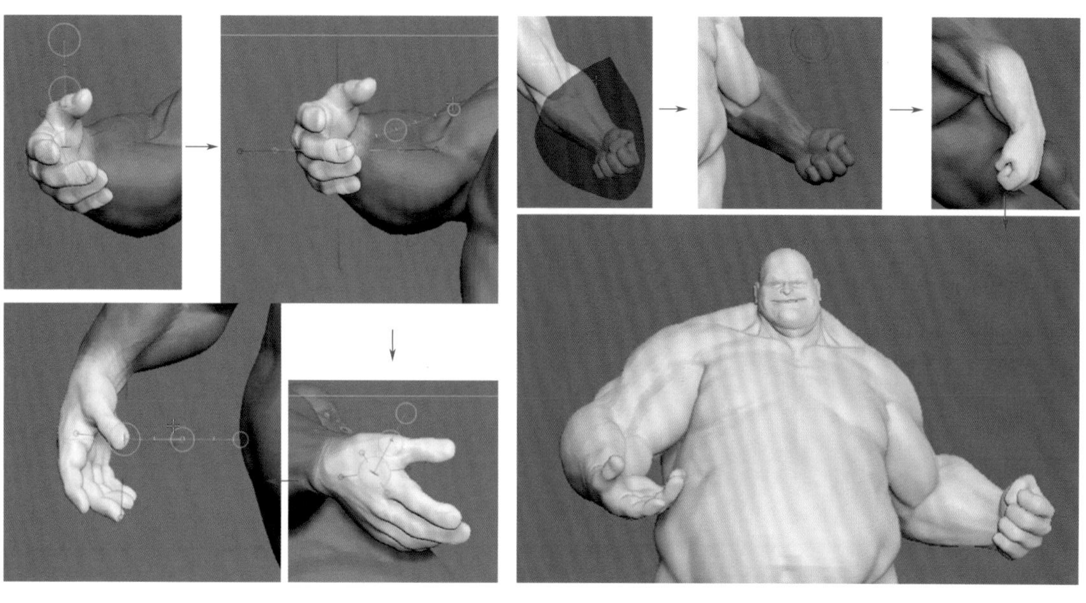

图3-61 动作调整

图3-62 调整完成

⑥ 刻画五官：按快捷键Q切换到绘制模式，在模型可编辑的情况下对五官进行雕刻塑造（图3-63）。首先将Brush切换到Move笔刷（图3-64红框处），然后分别向上拖拽眉弓骨，再通过调小笔刷范围进行眼皮的细致调整，期间可切换到ClayBuildup笔刷进行雕刻塑形（图3-64）。

图3-63 雕刻模式

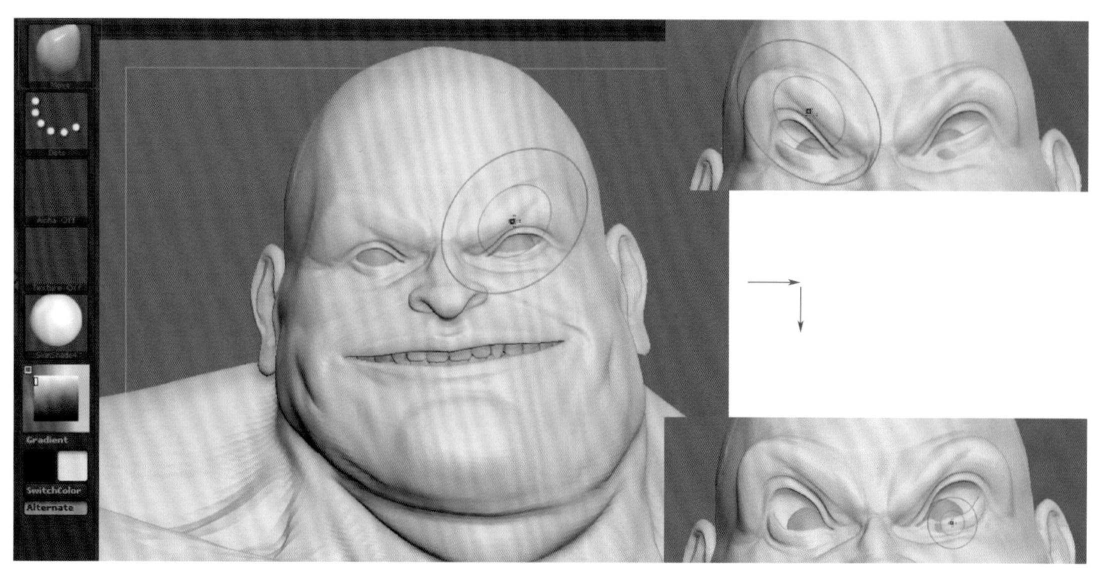

图3-64 调整眉眼

⑦ 选择眼球图层，使用同样的方法对眼球进行调整和雕刻，使其匹配眼眶（图3-65）。

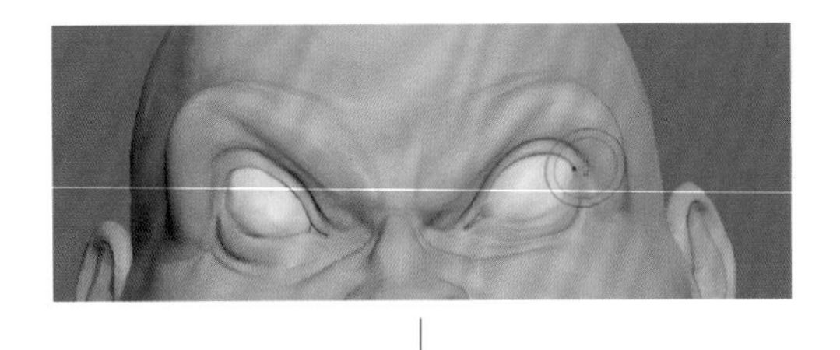

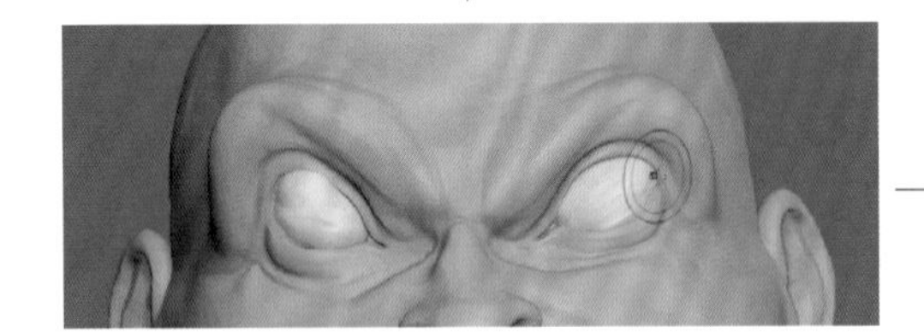

图3-65　调整眼球

小提示

眉弓骨和眼皮调整完成后需要调整眼球，此时模型相互遮挡不易观察，可开启半透明模式（图3-66，菜单栏Transform面板红框处）再进行调整雕刻。

图3-66　半透明显示

⑧ 对脸部的其他五官进行调整和刻画：首先塑造鼻子部位，主要是压平鼻头等简单刻画；然后将嘴巴拉长并上翘，营造邪恶微笑的感觉，最后将耳朵拖拽出尖角，强化其妖怪造型（图3-67）。

图3-67 雕刻五官

⑨ 添加细节：本步骤主要是通过使用直接拖拽Alpha的方式，快速为模型增添雕刻细节（图3-68）。

图3-68 纹理添加

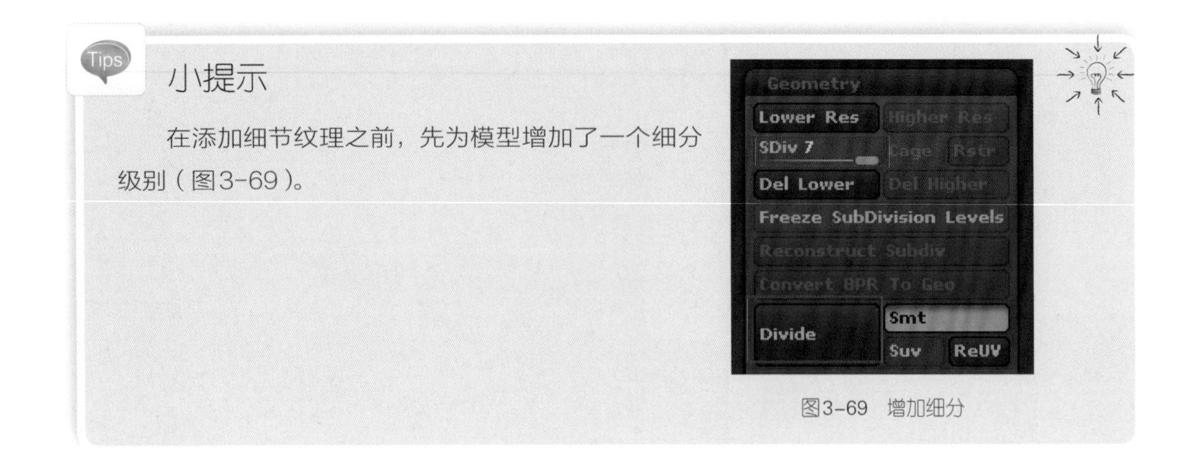

Tips

小提示

在添加细节纹理之前，先为模型增加了一个细分级别（图3-69）。

图3-69 增加细分

⑩ 从头部开始为角色增添蟾蜍皮肤的疙瘩纹理，在拖拽过程中有几个需要注意的地方，首先是要切换Alpha纹理防止重复，其次是要避免拖拽出来的疙瘩纹理大小雷同，另外还要调整笔刷的强度，在接近肚皮等部位时疙瘩应逐渐减弱（图3-70、图3-71）。

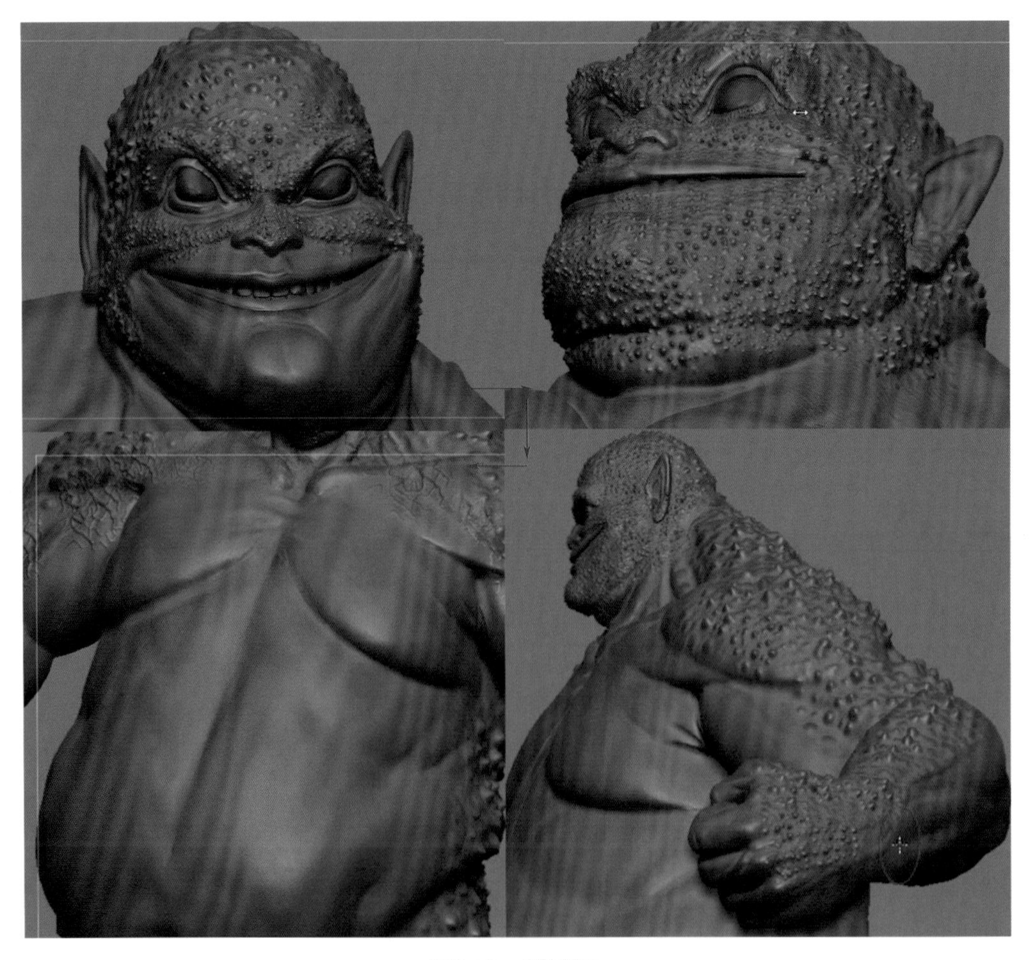

图3-70 皮肤刻画

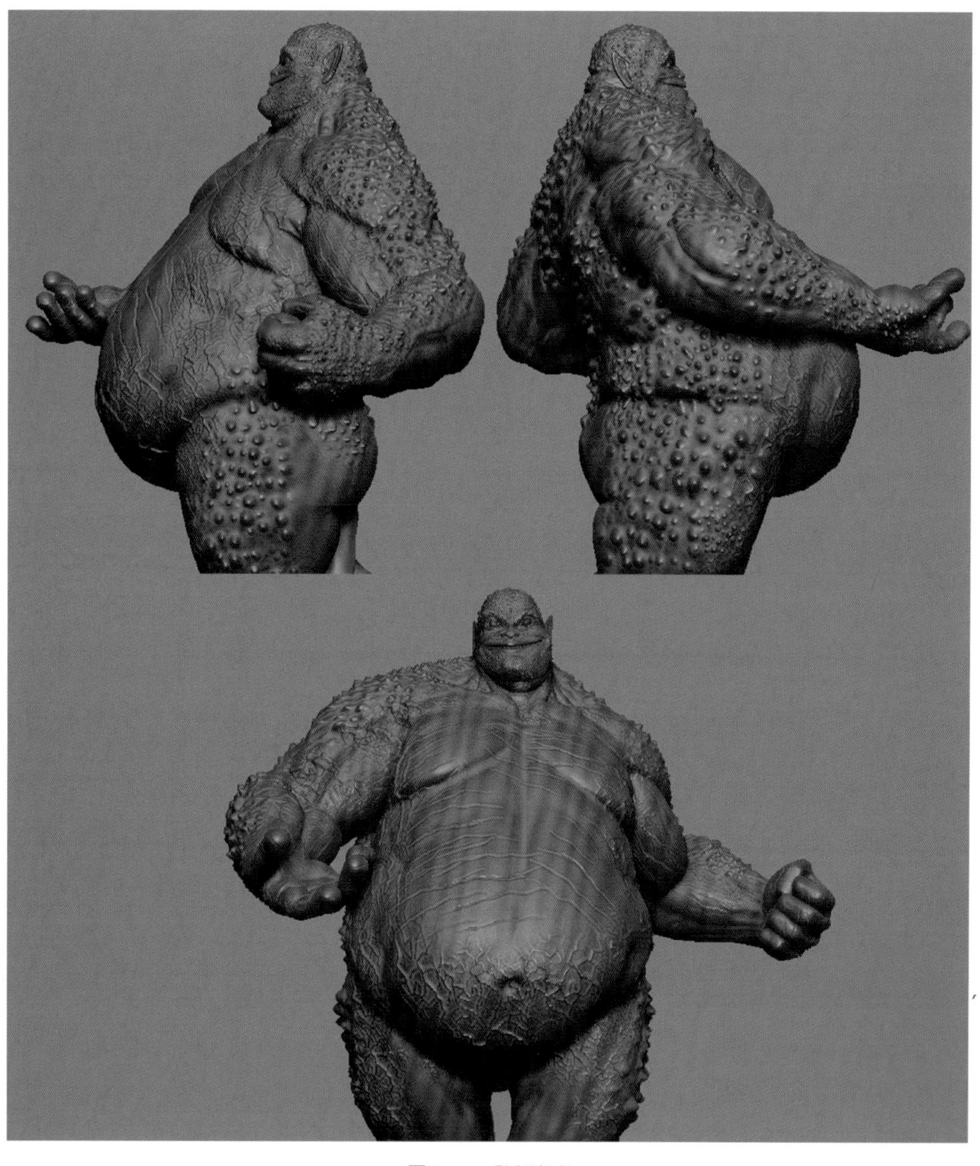

图3-71 雕刻完成

（3）渲染出图

ZBrush并不强调渲染功能，例如在保存图片时不能提高图像分辨率，因此只能通过增加画布尺寸的方式保存大图。图像保存的位置在菜单栏“Document”>“Export”。在输出图像之前有几个要素需要设置好：材质、灯光、渲染、图像尺寸。

① 材质选择：在输出图像（图3-72）之前，需要通过切换材质球的方式选择合适的材质。将左导航栏的Material切换为金属材质（图3-73）。

② 灯光调整：根据本案例的气氛图，金蟾妖角色应有逆光效果，因此需要在保存图像之前修改画面光源（图3-74）。灯光设置的位置在菜单栏“Light”面板。缩略图上的橘色圆点即代表光源，白色区域为光源色设置（图3-75）。

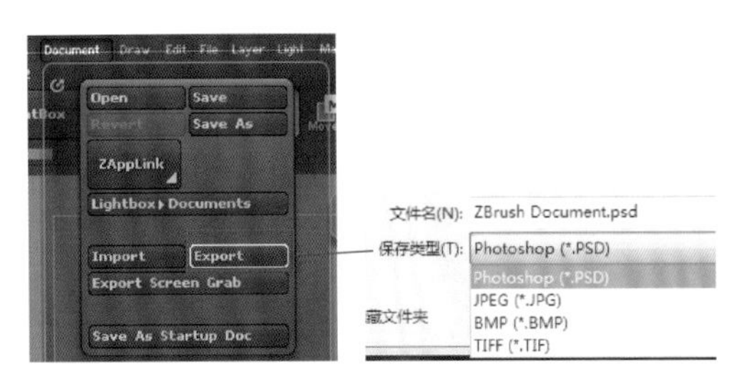

图3-72　图像输出

图3-73　材质切换

图3-74　修改光源

图3-75　灯光设置

③ 渲染模式：将光源拖拽至缩略图顶端并将光源色设置为淡蓝色。在菜单栏“Render”面板中选择“Fast”和“Preview”两种模式分别渲染一张显示光效的黑白图和显示材质的彩色图，以备后期绘制时使用（图3-76）。

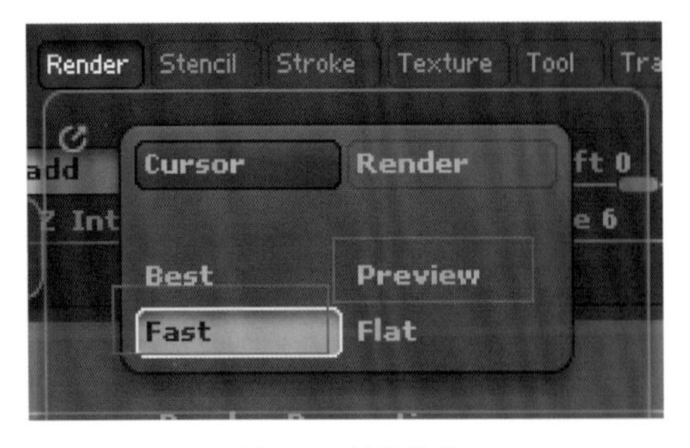

图3-76　渲染模式

④ 图像尺寸：图像尺寸的修改是通过重新设置画布的长、宽实现的。基本步骤为，首先在菜单栏“Document”面板下方找到画布长宽位置，手动修改为4000，然后点击Resize按钮重置画布尺寸（图3-77步骤1），清空画布之后在右导航栏找到Zoom并向上拖拽缩小画布（步骤2），直至画布全部显示在画面上（步骤3）。此时重新拖拽加载模型，分别使用两种渲染模式输出两张图像（图3-78、图3-79）。

（4）作品绘制

① 导入素材：本步骤的内容是将ZBrush制作的图片导入到Photoshop，经历了两次导入，首先是将光照图和材质图放置到一起，将图层合成模式切换到“叠加”（图3-80），然后使用同样的方法将两张图一起复制到“3-2.psd”文件中，删除不需要的背景，按Ctrl+T调整到合适的位置和大小，将两个图层合并并命名为“金蟾妖底图1”图层（图3-81）。

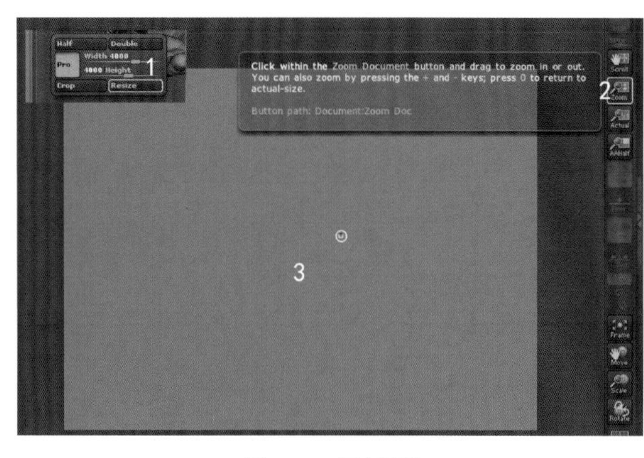

图3-77 画布重置

图3-78 材质效果图

图3-79 光照效果图

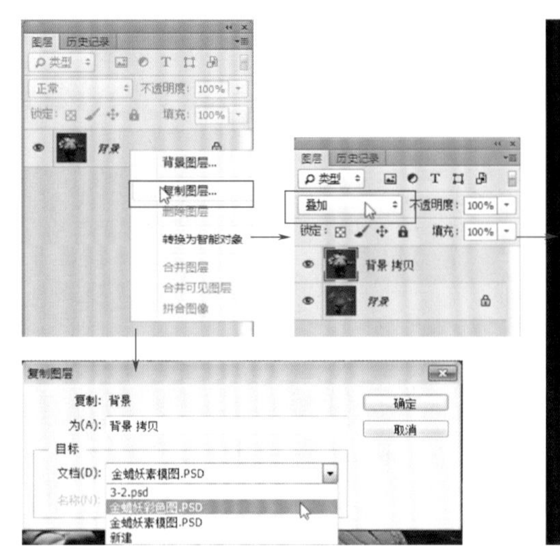

图3-80 图层复制

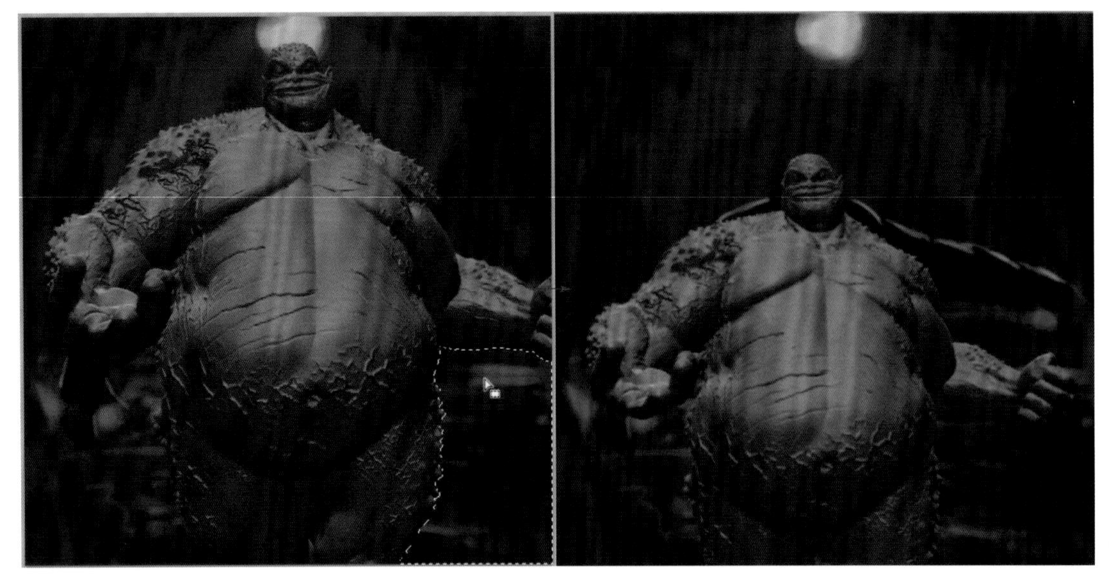

图3-81　素材调整

小提示

将两张图复制到一起的方法有很多，本步骤使用图层面板右键操作的方式，其最大的优点是同样尺寸的图片可以自动对齐。

② 肤色添加：本步骤是对金蟾妖素材的修改和基础塑造。首先在“金蟾妖底图1”图层之上新建空白图层并命名为“底色2”，在新建图层上绘制金蟾妖的肚皮、脸部正面和手掌部分的颜色（柔边圆画笔；R：206、G：193、B：149；不透明度100%；流量9%），绘制完成后将图层合成模式切换为“颜色”模式，并将“底色2”图层的不透明度修改为69%（图3-82）。

图3-82　添加肤色

③ 五官修改：在“底色2”图层之上新建空白图层并命名为“修形”，将眼球部位涂黑、嘴唇增加红色、牙齿修改造型（图3-83）。

图3-83　五官修改

④ 轮廓光绘制：新建图层并命名为“轮廓光”，拾取轮廓部分的光照颜色，为金蟾妖添加月光色，强化光感（图3-84）。

图3-84　光感强化

至此，已完成金蟾妖角色的基础塑造和修改，图层分布如图3-85所示。

⑤ 背景塑造：合理调整气氛图的“近景树”“沼泽”“远山”三个图层的顺序并进行基础塑造（图3-86）。

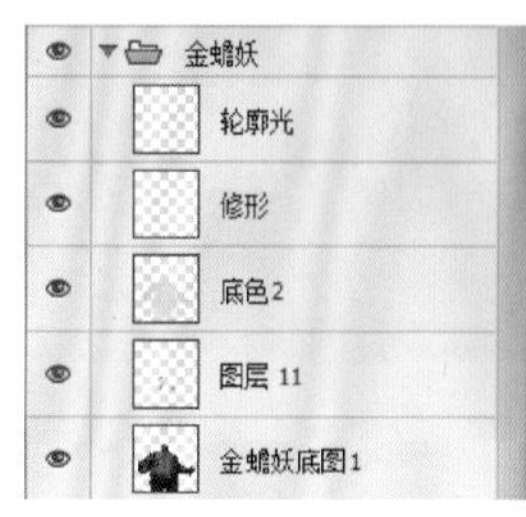

图3-85　图层组

图3-86　背景塑造

⑥ 添加骷髅：使用之前的方法在ZBrush中制作沼泽水面的骷髅素材，与制作金蟾妖素材不同的是只需要保存黑白光照图像即可，另外为了抠图方便，将背景替换成绿色（在ZBrush菜单栏找到“Document”>“Back”背景色按钮，点按并拖拽到颜色面板拾取所需要的颜色，背景色即被改变）。骷髅素材分为金蟾妖身体前后两个图层组，需使用ZBrush多次渲染出图和Photoshop剪切、缩放、旋转等功能处理素材，避免重复感（图3-87、图3-88）。

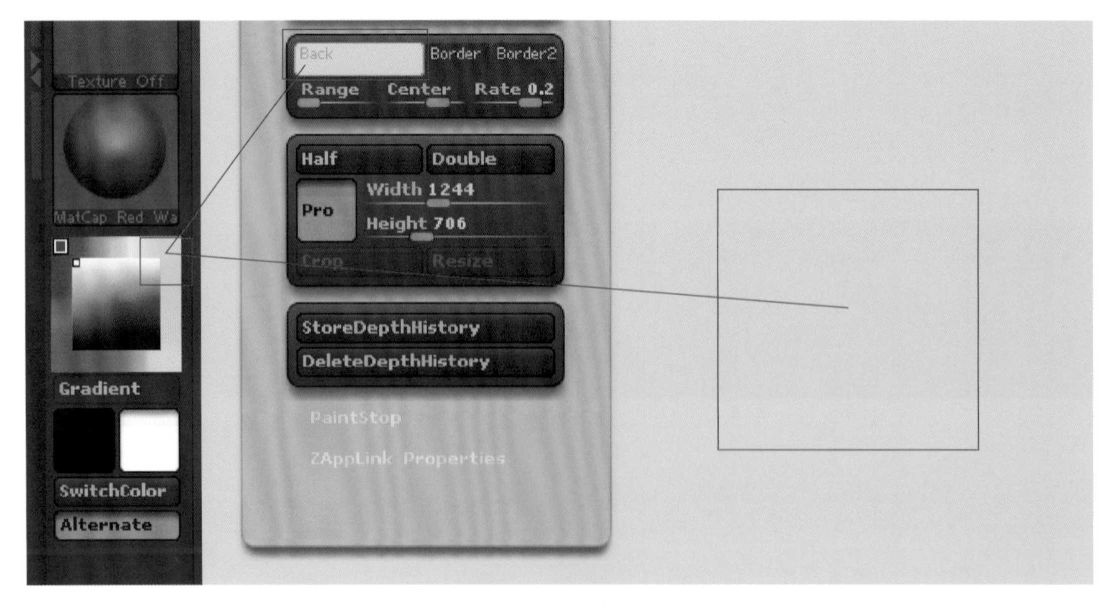

图3-87　底色修改

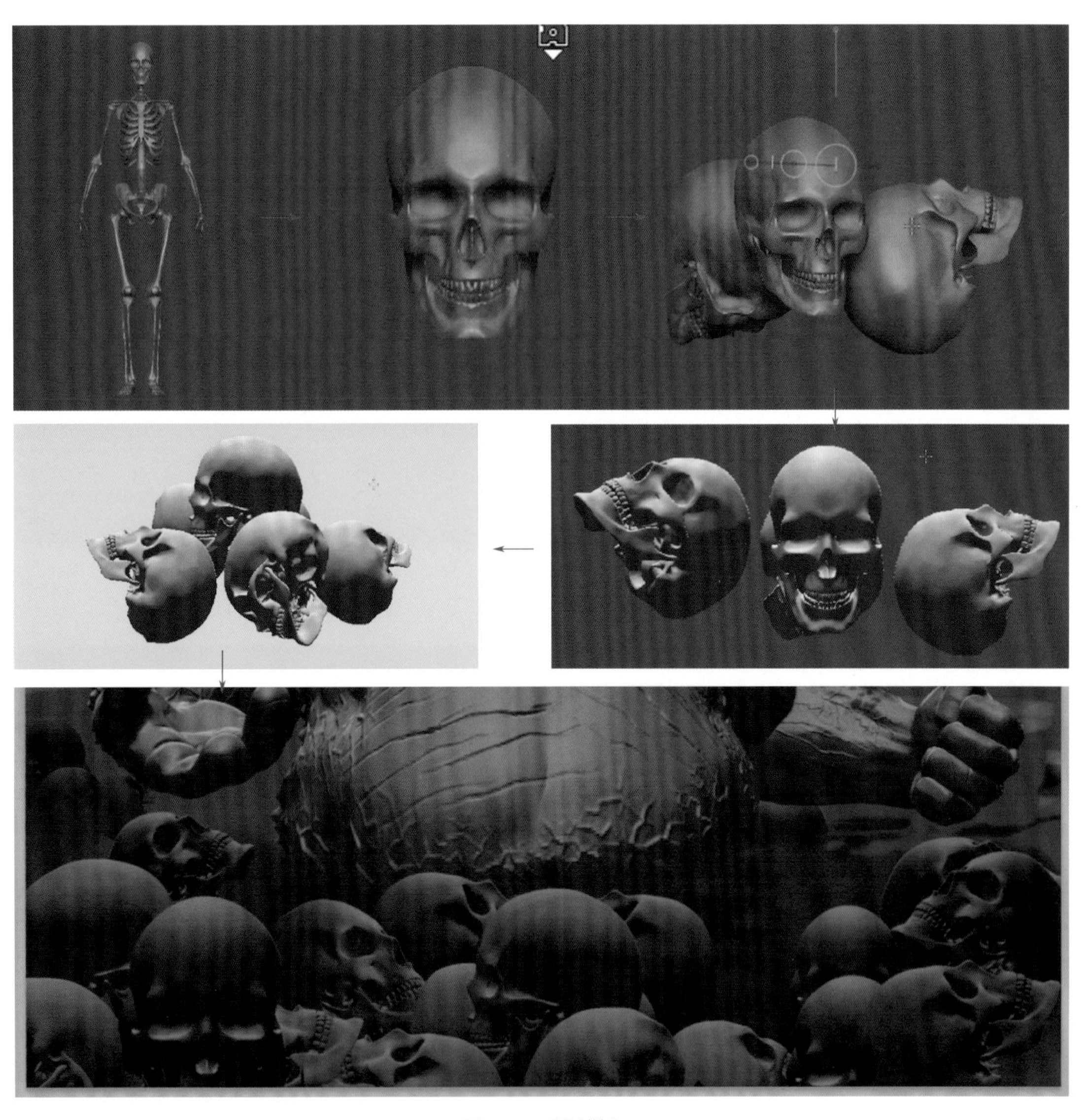

图3-88 素材拼合

⑦ 沼泽近景：新建“沼泽近景”图层，塑造前层骷髅和水面的关系（图3-89）。

⑧ 深入刻画：新建“月亮”图层，深入刻画天空中的云和月；并对“远山”图层、两个沼泽图层、“近景树”图层逐一深入刻画（图3-90 ~图3-95）。

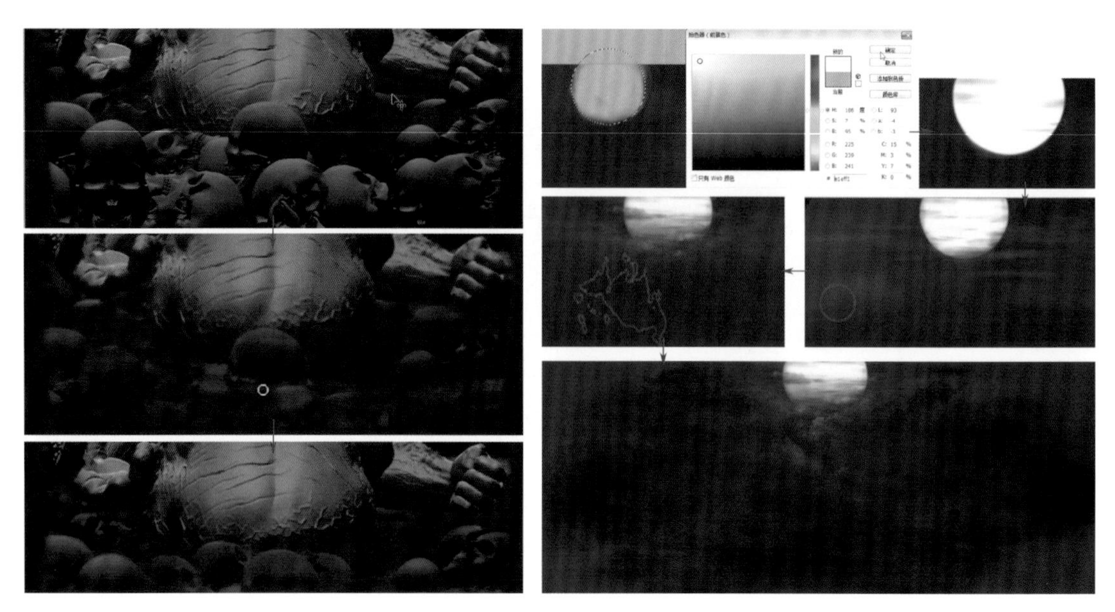

图3-89 沼泽近景

图3-90 深入刻画一

图3-91 深入刻画二

图3-92　深入刻画三

图3-93　深入刻画四

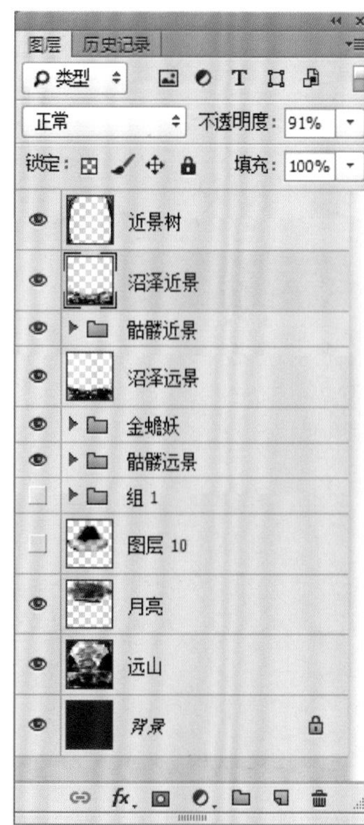

图3-94　图层分布

图3-95　刻画完成

⑨ 细节完善：为五官添加细节（将“眼睛”图层重命名为“五官”层并刻画细节），为皮肤添加杂点（在“底色2”图层之上新建空白图层，将其命名为“底色3”并绘制），新建“云雾”图层并刻画前景云雾缭绕的效果（图3-96～图3-98）。

图3-96　细节刻画一

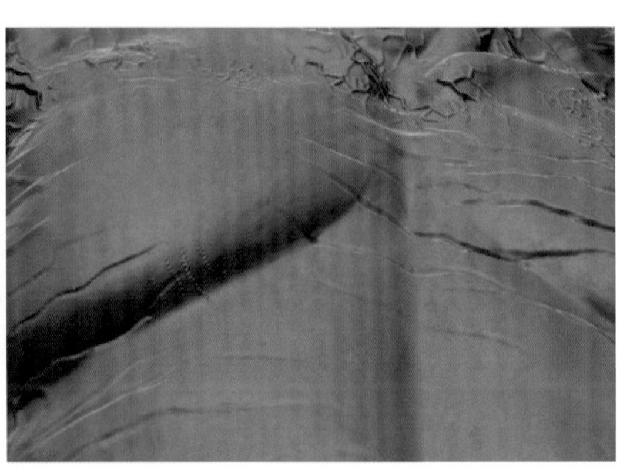

图3-97　细节刻画二

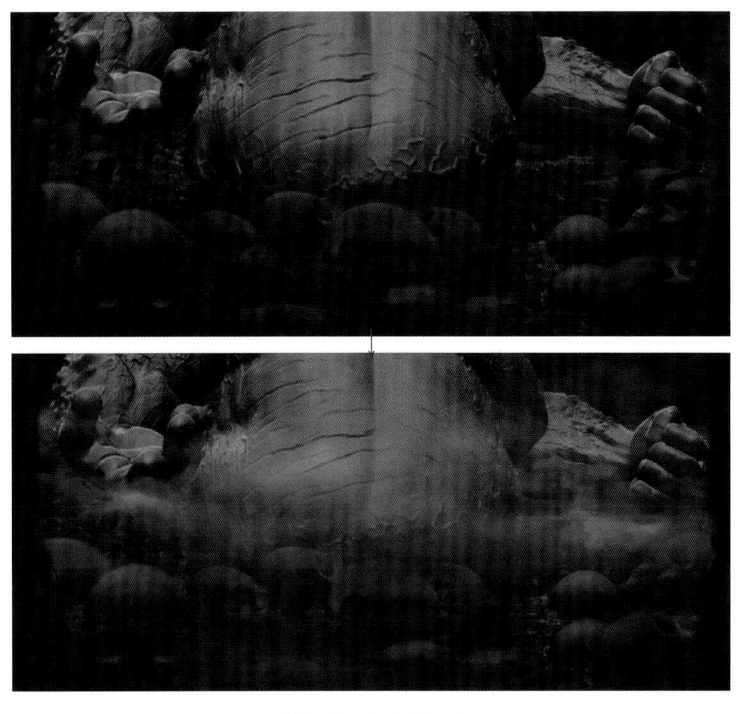

图3-98 细节刻画三

⑩ 效果添加：为“金蟾妖”图层组添加内、外发光效果的图层样式（图3-99）。载入“闪电球”画笔并刻画金蟾妖手中的闪电球，将闪电球的颜色调整为蓝色（新建空白图层并命名为“闪电球”层，“图层18”不透明度为40%，“闪电球”不透明度为60%，图3-100）。

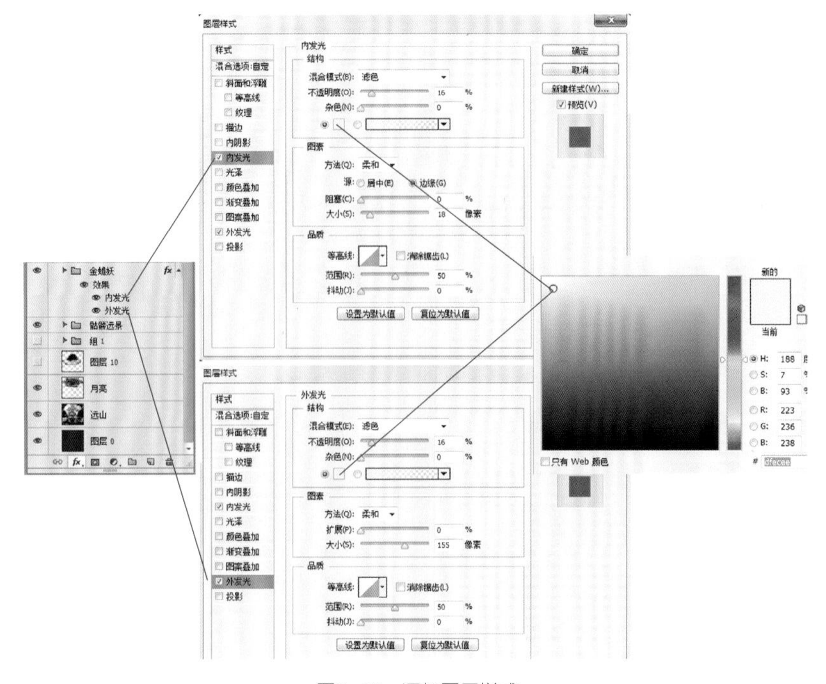

图3-99 添加图层样式

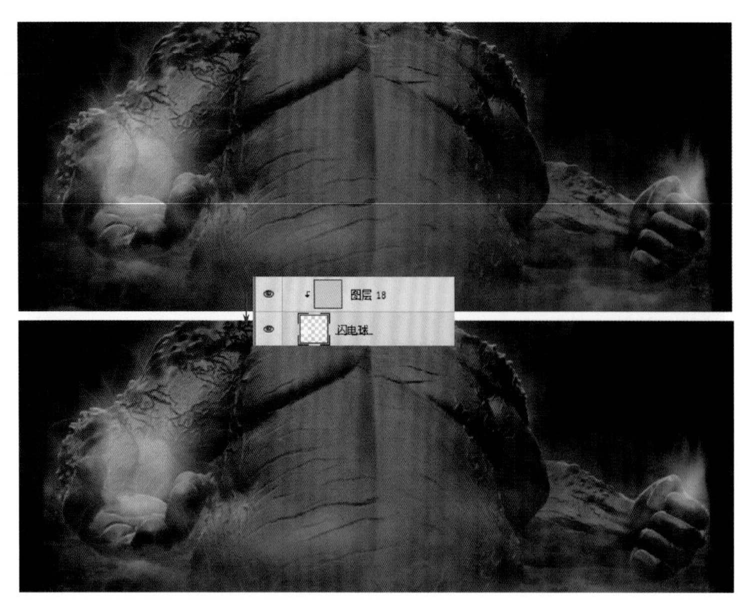

图3-100 添加云雾

⑪ 作品完成：图层分布如图3-101所示，最终效果如图3-102所示。

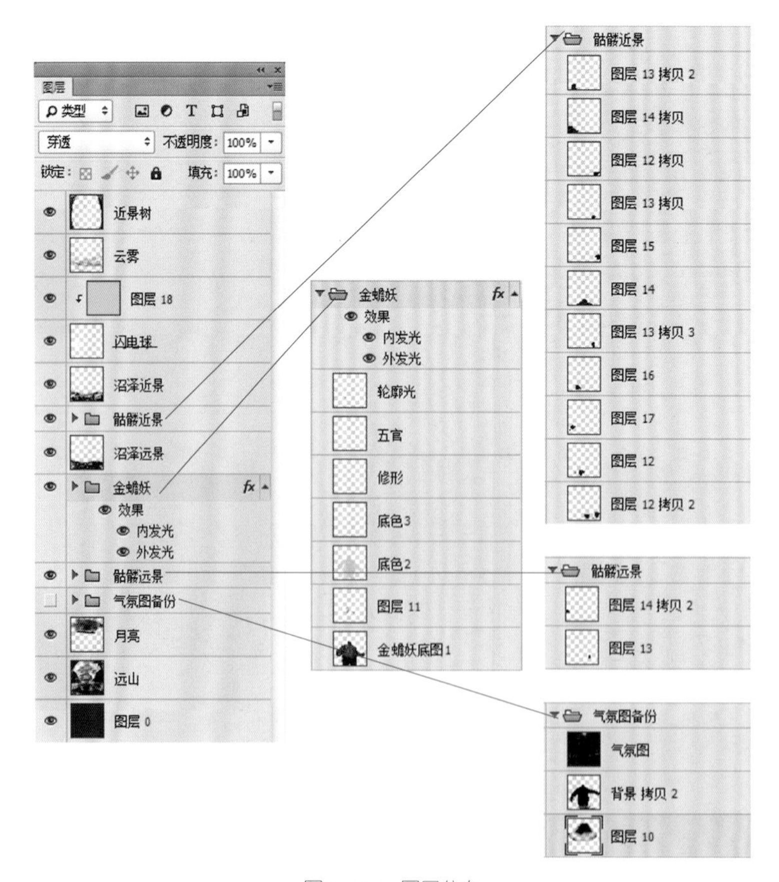

图3-101 图层分布

图3-102 作品完成

实战练习

1. 以“玄幻”为主题，选择一种动物如蛇、蝎、蜥蜴、鳄鱼等进行数字插画作品的创作，要求画面气氛符合主题设定，在颜色、造型等方面尽量夸张。

2. 以“妖怪”为主题，完成一张插画创作，要求多个软件配合使用。

第4章

手绘风格——《蓝裙少女图》的创作

本章以着蓝裙站立的少女为创作构思，展现数字插画创作中的特殊效果——中国画风格。中国画在技法上有工笔和写意之分，其鲜明的民族特色和独特的艺术风格在世界美术之林独树一帜，又因其绘画材料的特殊、画面意境对东方审美和人文情怀的展现而呈现出独有的韵味。因此，本章的数字插画艺术作品创作尝试从题材和技法两方面展现具有手绘质感的中国画风格。相较于前面章节的作品，本章更加注重作品的审美趣味。

4.1 绘前分析

根据描绘对象的不同，中国画可分为人物、山水、花鸟三大类。就人物画而言，从题材上说，不外乎表现历史人物、宗教人物和现实人物三种，从艺术手法上说，有工笔重彩、写意、白描等形式。人物画的历史渊源流长，时至今日依然是当代中国画的重要表达内容之一，而传统国画依旧焕发着生命力，符合当代人的审美趣味。

中国画以线为造型基础，与以点、面形成体积为造型基础的西方绘画有根本的区别。由于中国画的线描要用毛笔来完成，因此用笔是骨干，用墨是从属。南齐谢赫的“六法论”，将“骨法用笔”居于第二位，说明用笔的重要性。历来画家都认为用笔是“骨”，用墨是“肉”，笔墨的运用是骨和肉的关系，而笔占主要地位，人物画用笔和用墨的关系自然也不例外。

本案例是使用传统国画审美风格来表现现代人物造型的作品。

4.2 确定技法——绘画质感模拟法

数字插画在进行国画风格的模拟时，最需要解决的是对手绘国画质感的模拟。由于案例设定为唯美风格，因此选择更为容易实现的工笔技法。画面效果设定为绢本设色。绢本设色是两个概念的合集，首先是指画面材质为绢，其次是指将国画颜色绘制在绢上面。对于绢的材质表现比较容易实现，本案例选择使用软件自制，也可通过对实拍的绢素材稍加处理后进行图层合成的方式来完成。本案例的难点就是画面本身的手绘感和国画感，在正式完成案例之前临摹和阅览工笔画无疑是大有裨益的。

为提高效率，本案例使用SAI和Photoshop共同完成。SAI完成前期草稿的描线工作，草稿绘制、线稿上色和后期处理由Photoshop完成。在案例绘制过程中，使用的是Wacom原装毛毡笔头，目的是通过摩擦增强手感，缺点是比塑料笔头更损伤手绘板，也会比较累。

4.3 画布起稿

本阶段包含两部分内容：制作绢底效果和画草稿。

（1）草稿绘制

① 新建文件：新建A3尺寸的画布并命名为蓝裙少女图（图4-1）。

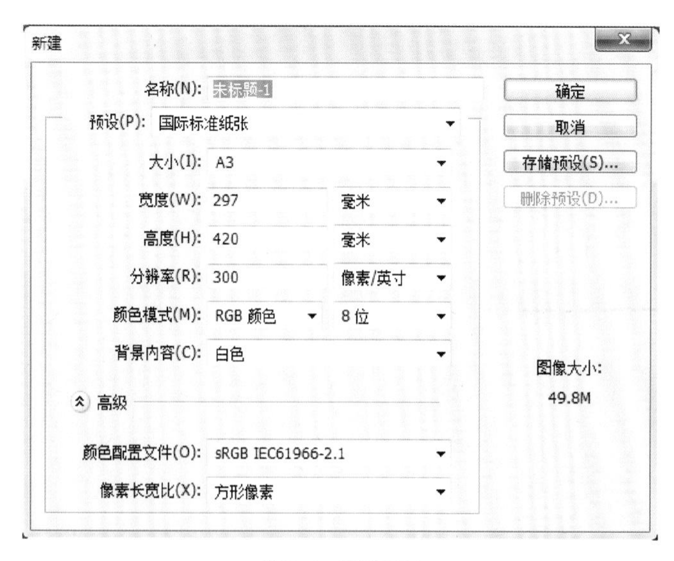

图4-1 新建画布

② 草稿绘制：工笔画的线稿分为写意性和写实性两种，偏向写实的线稿在当代工笔画作品中十分常见，本案例选择写实方案绘制。使用Photoshop绘制时选择柔边圆画笔，不透明度100%、流量20%，工笔画草稿应尽量减少不必要的辅助线，为方便正式起稿时的临摹，在领口、袖口等线条较密的部位仅画示意线条即可（图4-2）。

Chapter 1 Chapter 2 Chapter 3 Chapter 4 Chapter 5 Chapter 6

图4-2 绘制草稿

（2）绢底制作

① 新建空白图层并填充底色（R：163、G：126、B：104，图4-3），然后执行滤镜添加杂色（数量54.2%、高斯分布、单色，图4-4）。

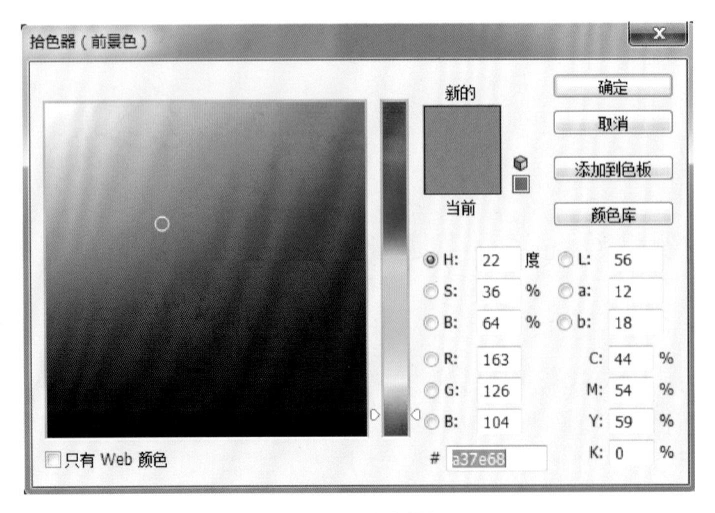

图4-3 填充颜色

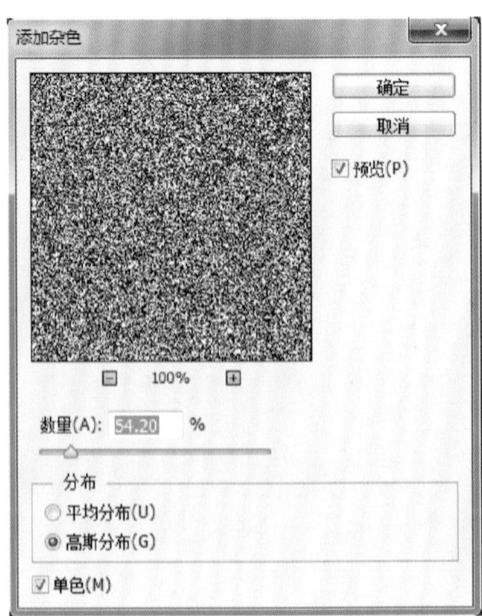

图4-4 添加杂色

② 执行菜单栏“图像”>“调整”>“色阶”，强化新添杂色的对比（图4-5）。

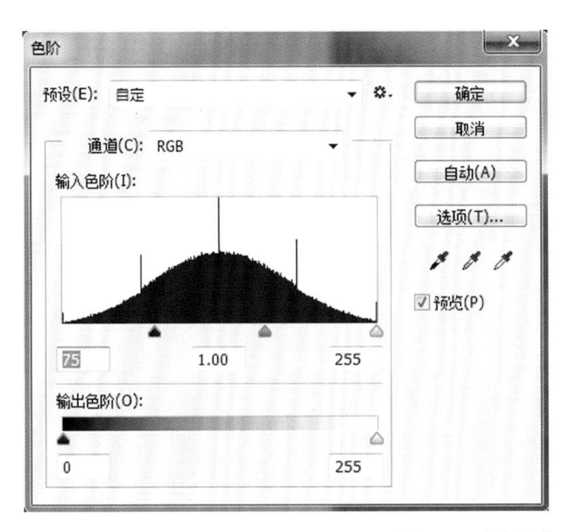

图4-5　色阶调整

③ 复制图层，然后分别使用滤镜动感模糊功能进行模糊（角度分别为180度、90度，距离72像素），图层合成模式切换为叠加（图4-6）。

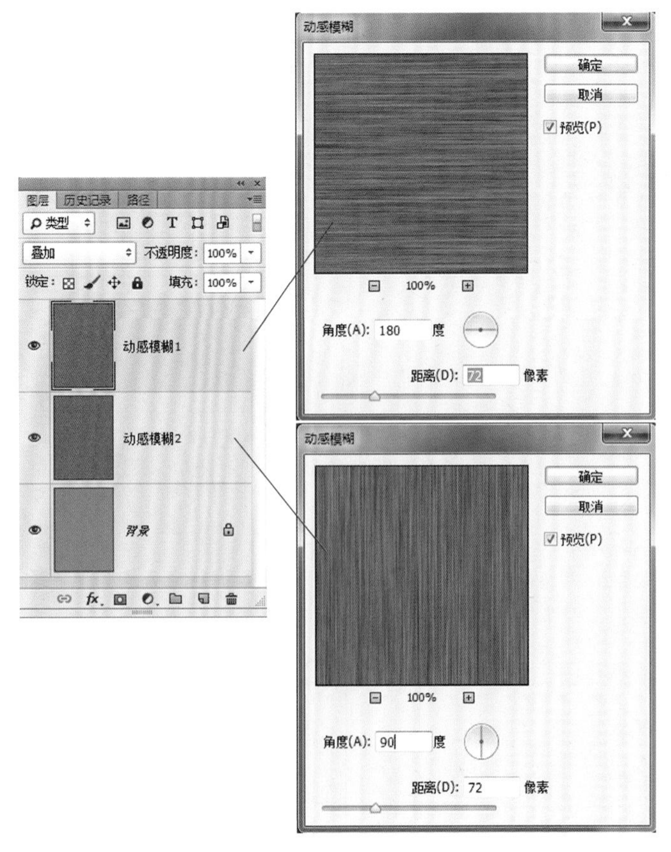

图4-6　动感模糊

④ 合并图层，并对图层进行放大，再隐藏边缘瑕疵，局部放大效果如图4-7所示。

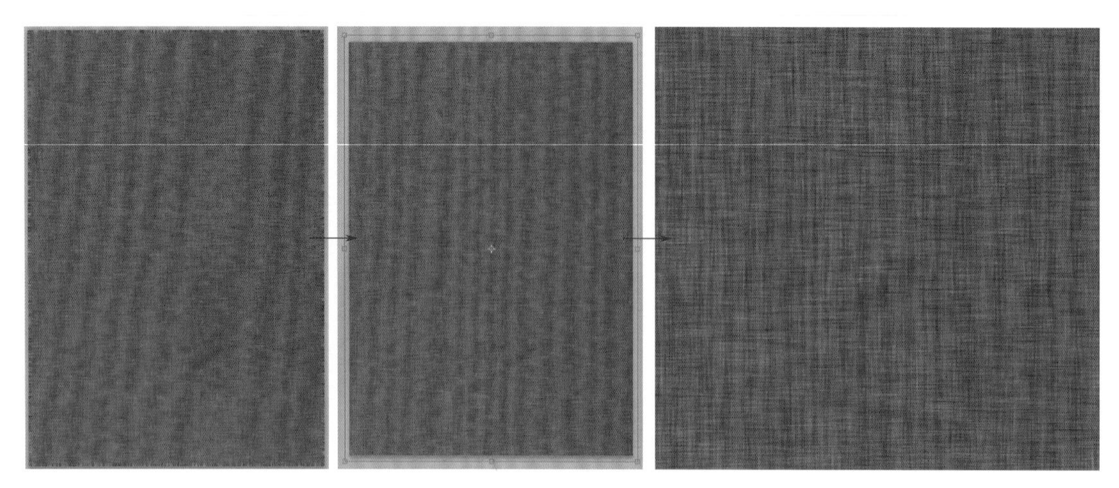

图4-7　合并图层

图4-8　校色完成

小提示

如果对当前效果不满意，还可以为画面添加做旧效果（方法为，新建空白图层，执行“滤镜”>“渲染”>“云彩”，图层合成模式为柔光，以降低图层不透明度，然后合并图层。）

⑤ 最后，执行“图像”>“调整”>“色彩平衡”，为画面校色，并保存为psd格式。本阶段最终效果如图4-8所示。

4.4 线描稿绘制——SAI勾线

使用SAI打开文件，新建空白图层并命名为“勾线稿”，使用炭笔工具，画笔设置如图4-9所示，抖动修正设置为S-4。

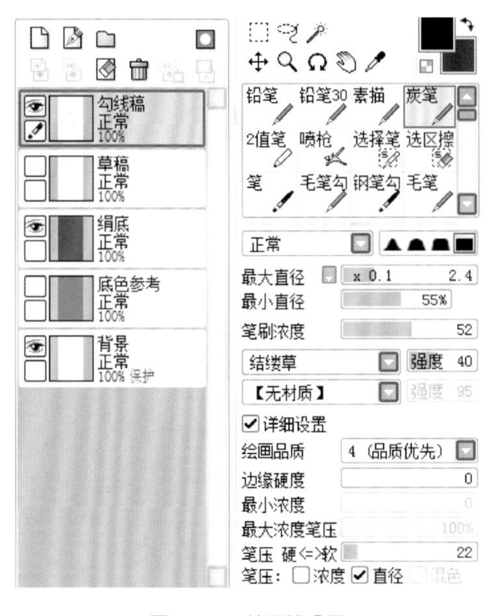

图4-9 炭笔画笔设置

图4-10 笔刷测试

小提示

① 在SAI中通过修改抖动修正数值实现圆滑曲线绘制，这与Photoshop钢笔工具描线功能类似，前者适用于习惯直接手绘的作者，后者则需要操作锚点和滑竿完成。

② 图4-10从左至右分别为炭笔、毛笔勾线笔、毛笔枯笔的笔刷测试效果，考虑到绢底材质效果、工笔线的要求，本案例勾线选择使用炭笔笔刷模拟毛笔勾线效果。

工笔画对线条的要求很高，从画面整体来讲，不仅有疏密、虚实、松紧、长短、软硬等对比，还有一个重点是长线不能断。在绘制以前建议反复练习，通过画笔直径修改来体现身体部位和服饰线条的区别，通过手腕力量强弱和勾选笔压中的浓度选项（图4-9下方）来模拟线条的浓淡虚实，通过放大和缩小画布来尽量控制长线不断、断线精准（图4-11～图4-13）。

图4-11　头部描线

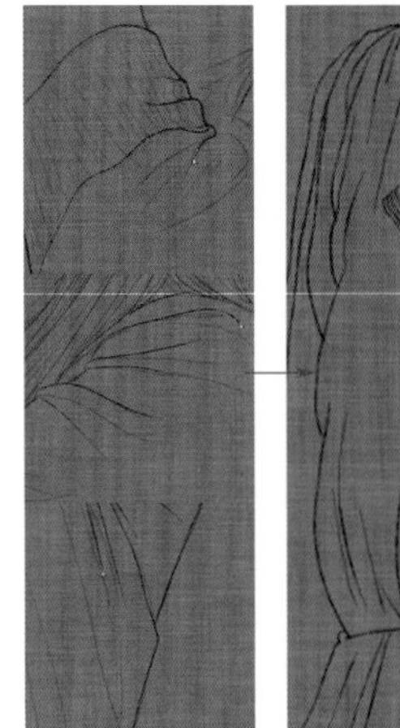

图4-12　服装描线

图4-13　描线完成

4.5 画面设色

① 修线：将文件导入Photoshop中上色，先将画布进行裁切（宽23.09厘米、长38.53厘米），完善构图。然后修线，将线条有穿插、叠加等瑕疵的部位使用橡皮擦工具进行修改（图4-14、图4-15）。

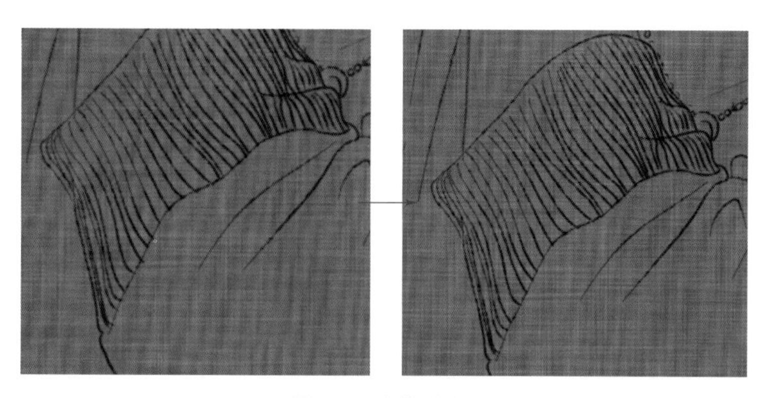

图4-14　修线范例一

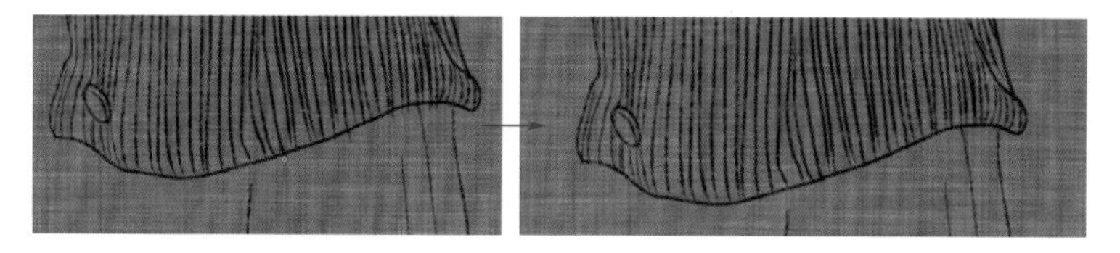

图4-15　修线范例二

② 上色：上色以前先将线稿复制一遍并隐藏作为备份。对画笔进行设置，使其笔触接近毛笔上色效果（硬边圆画笔，硬度设置为65%，流量设置在7%，间距设置为3%，只开启不透明度压力控制按钮，图4-16）。

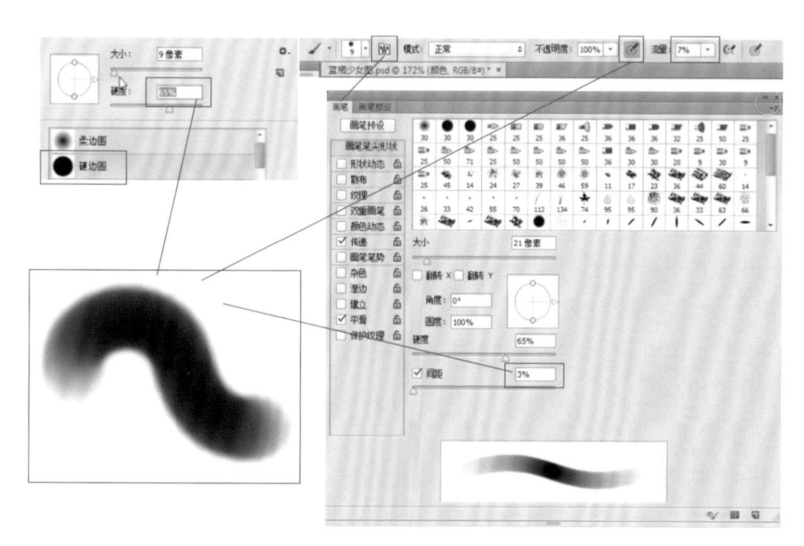

图4-16　画笔设置

小提示

第一遍上色以平涂为主，应注意工笔上色与西方绘画塑造的不同。

③ 新建空白图层并命名为“五官”，从眼睛开始进行上色，简单刻画眼皮厚度及上眼皮落在眼球的投影（图4-17）。

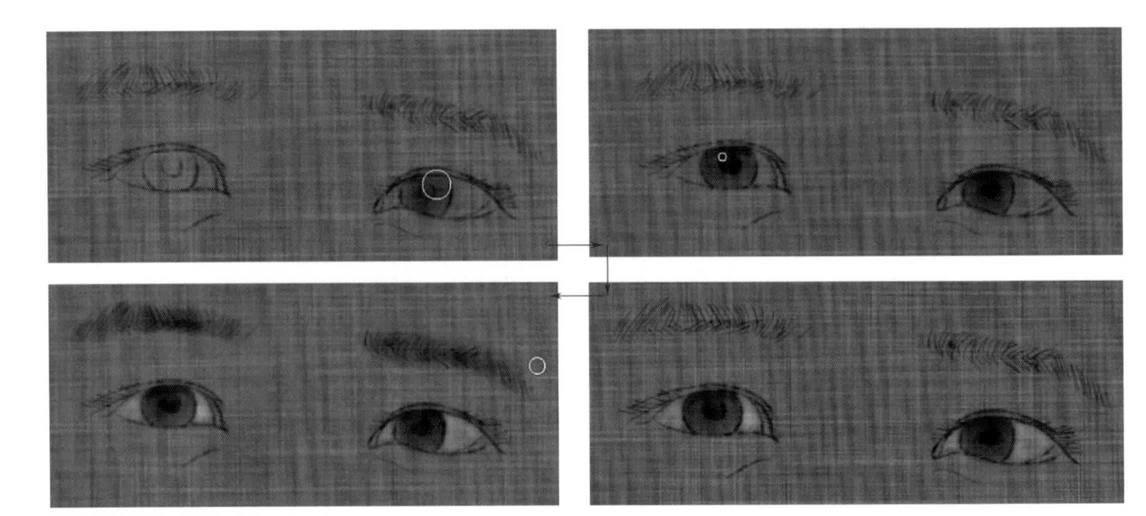

图4-17　眉眼底色

④ 对嘴巴部位进行上色，着淡彩即可（图4-18）。

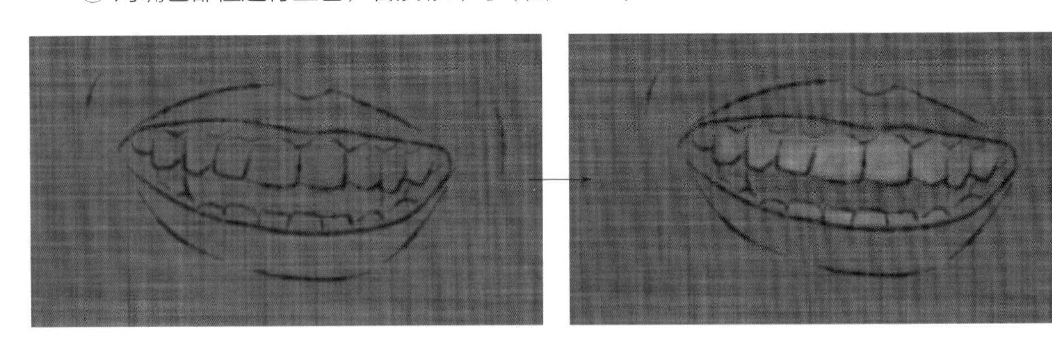

图4-18　嘴部底色

⑤ 在五官图层之下新建空白图层并命名为“头发上衣”，为头发和上衣铺设底色。涂色时可溢出边线，最后使用橡皮擦擦除即可（图4-19、图4-20）。

⑥ 在“头发上衣”图层之下新建空白图层并命名为“裙子”，为裙子上色。裙子的上色同样经过大笔刷涂色、模糊工具使用、颜色混合器画笔混色、橡皮擦擦除溢出色等程序，本步骤画笔流量降低到2%（图4-21 ~图4-29）。

⑦ 新建空白图层并命名为“肤色”，对皮肤上色。

⑧ 塑造：本步骤的基本内容是在每一个颜色层之上新建空白图层并进行各图层的塑造与细节添加。

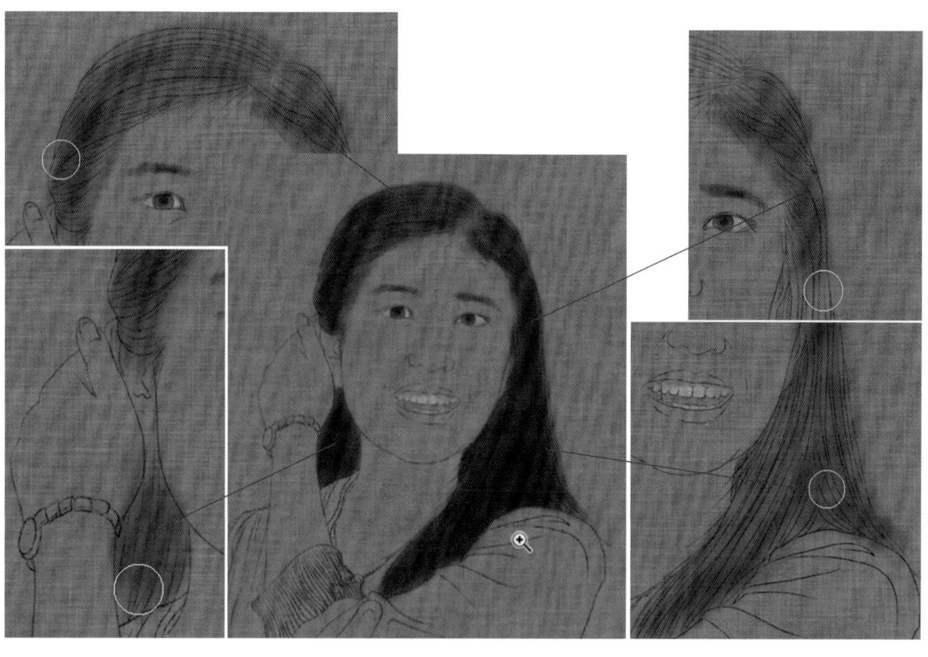

图4-19 头发底色

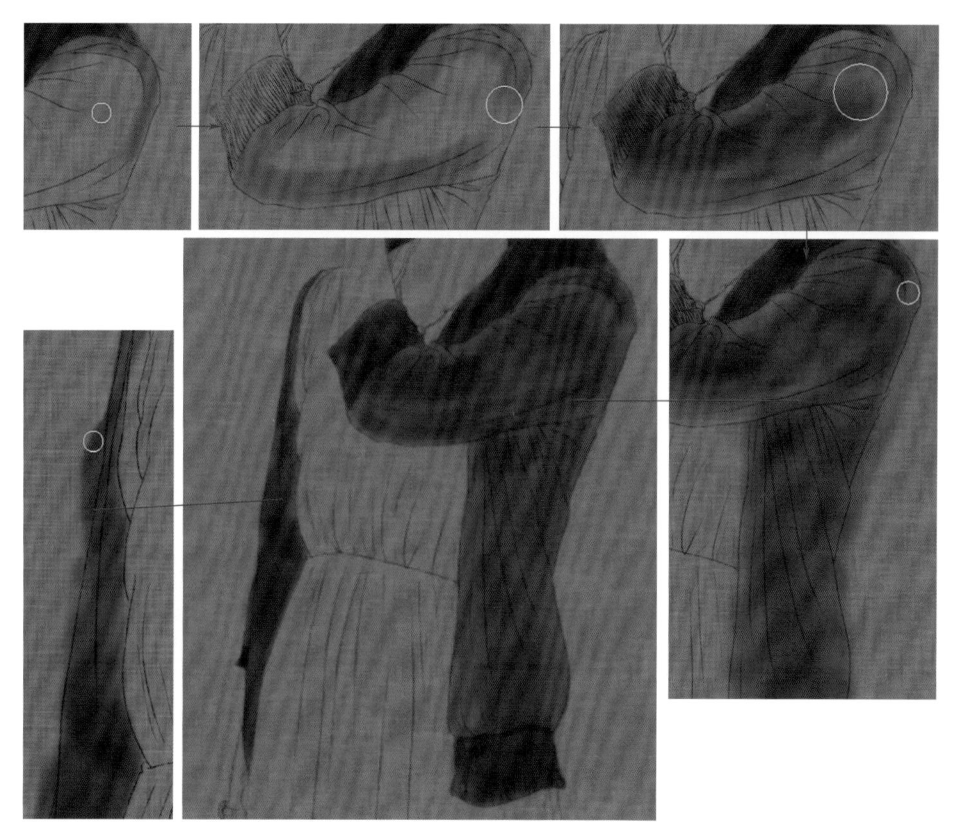

图4-20 上衣底色

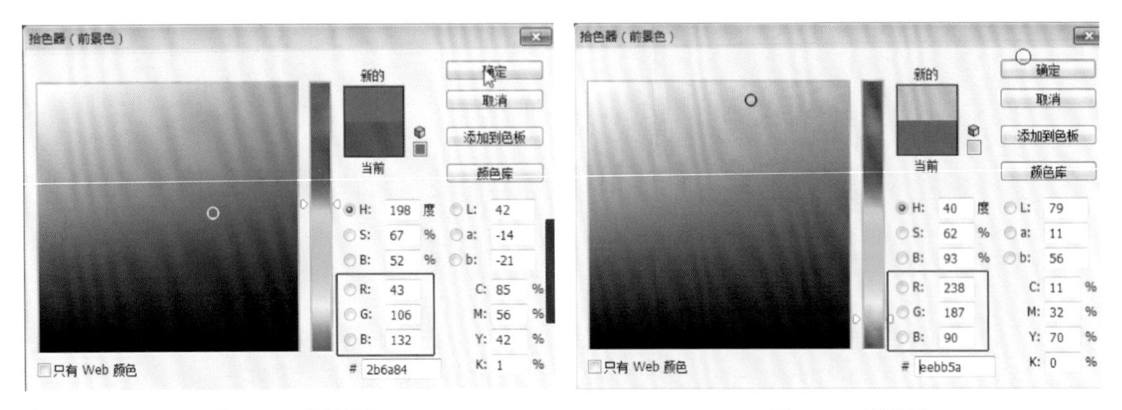

图4-21　蓝裙颜色

图4-23　皮肤颜色

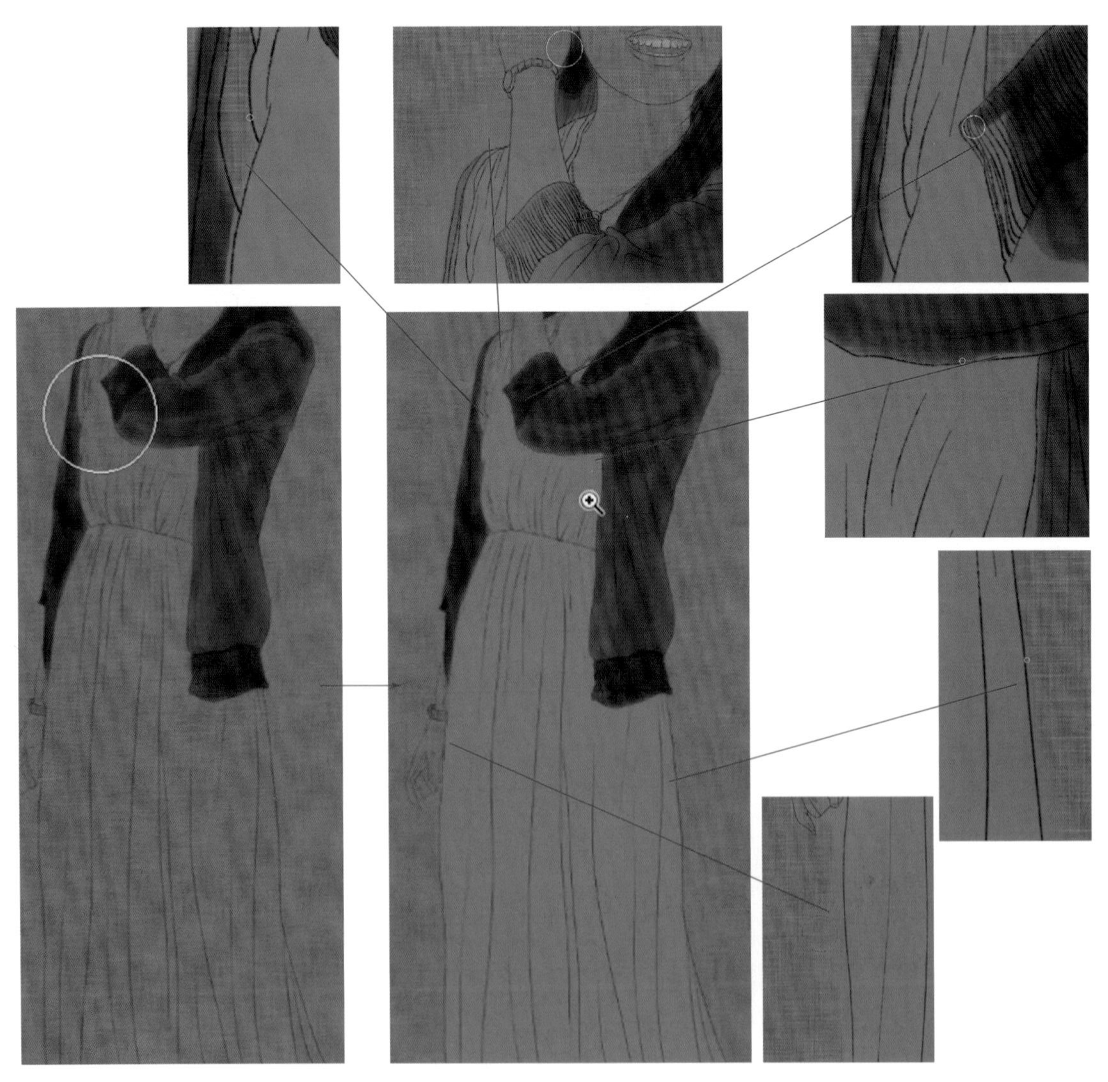

图4-22　蓝裙底色

图4-24 皮肤底色

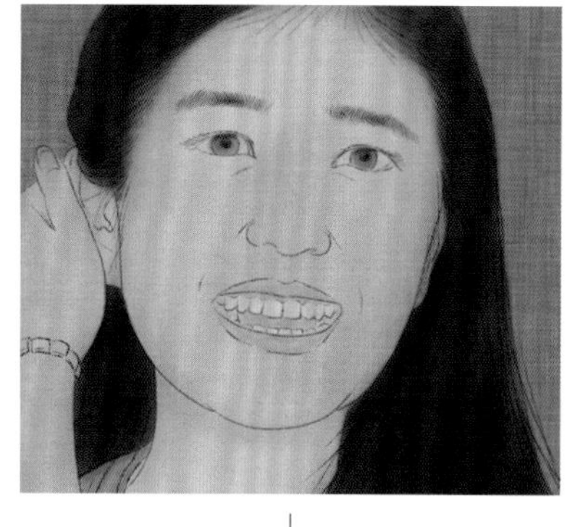

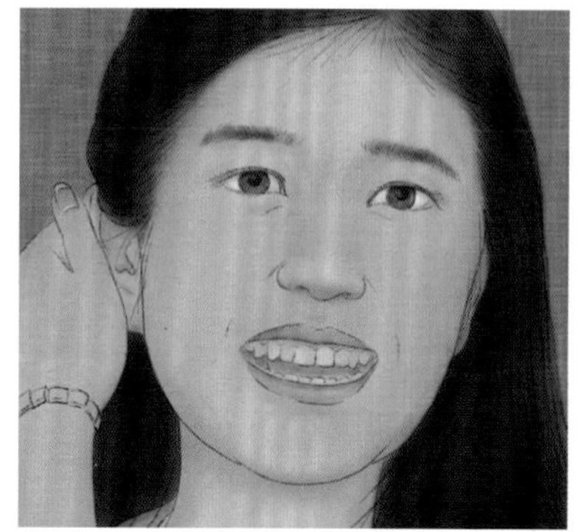

图4-25 五官塑造

图4-26 头发上衣塑造

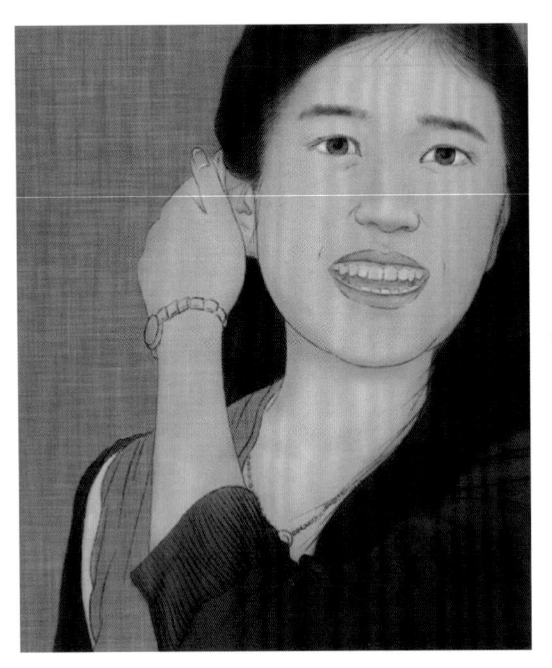

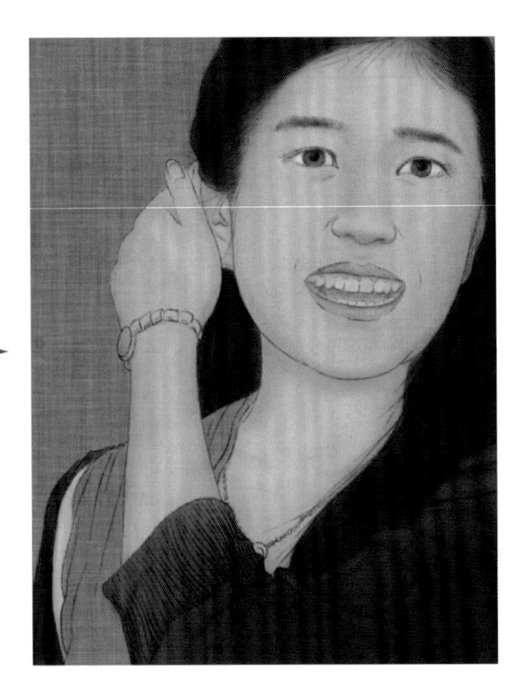

图4-27　皮肤塑造一

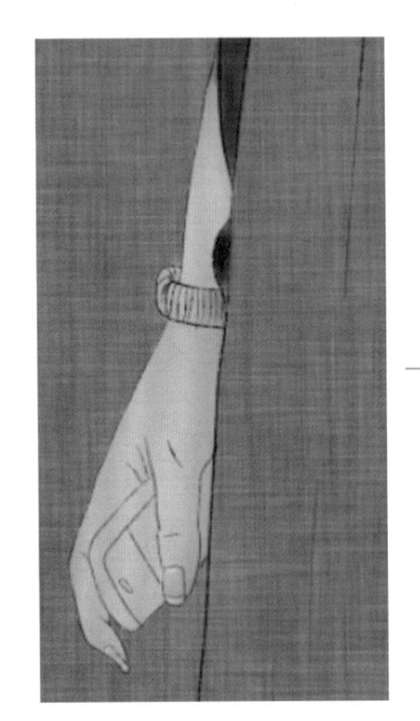

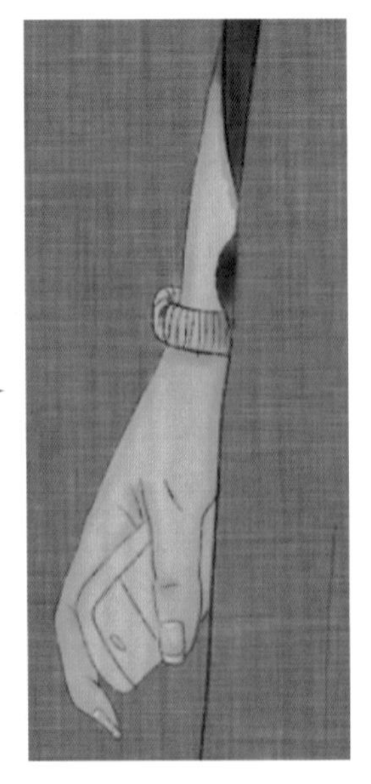

图4-28　皮肤塑造二

图4-29　裙子塑造

⑨ 图层整理：对当前图层进行整理，首先将颜色层放置到“上色”组，通过降低“上色”组的不透明度产生颜色与绢底融合的效果（图4-30）。

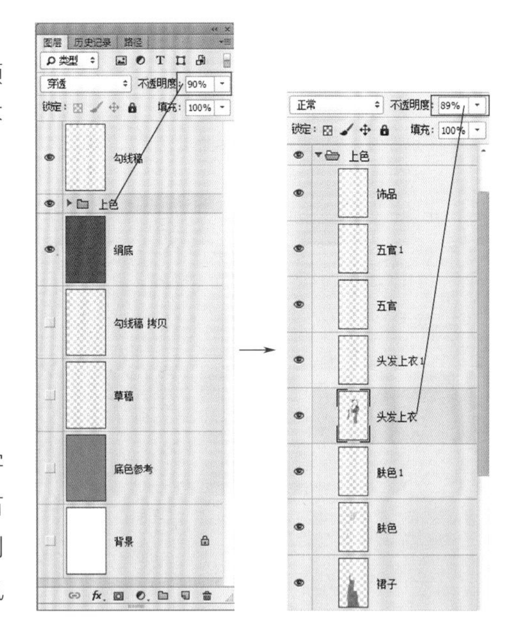

图4-30 图层整理

4.6 画面处理

① 制作印章：使用直排文字工具，选择篆书字体打出“蓝裙少女图”几个字，在图层面板点击右键“栅格化文字”并逐字拆开，将拆开的文字排列好形状，使用圆角矩形工具绘制印章图形，最后执行盖印图层，完成印章制作（图4-31）。

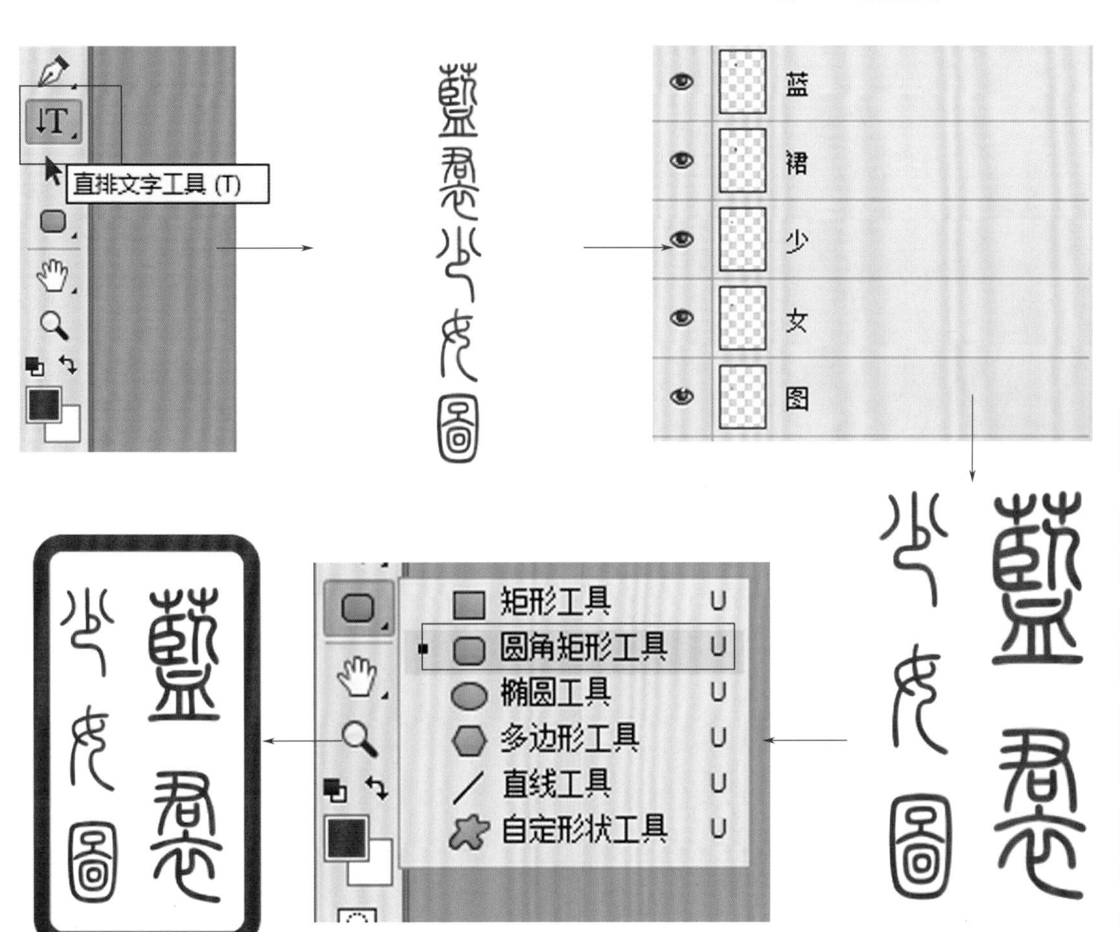

图4-31 制作印章

② 印章处理：将制作好的印章图层放置到文件图层面板的最上层，将图层合成模式切换成正片叠底，降低图层的不透明度，使用橡皮擦工具擦出破损效果（图4-32）。

图4-32 处理印章

图4-33 添加签名

③ 添加签名：选择一个手写字体，添加作者名称和日期，降低图层透明度至80%（图4-33）。

④ 通过“创建剪贴蒙版”将皮肤轮廓线改成肉色的深色，最终效果及细节如图4-34 ~图4-37所示。

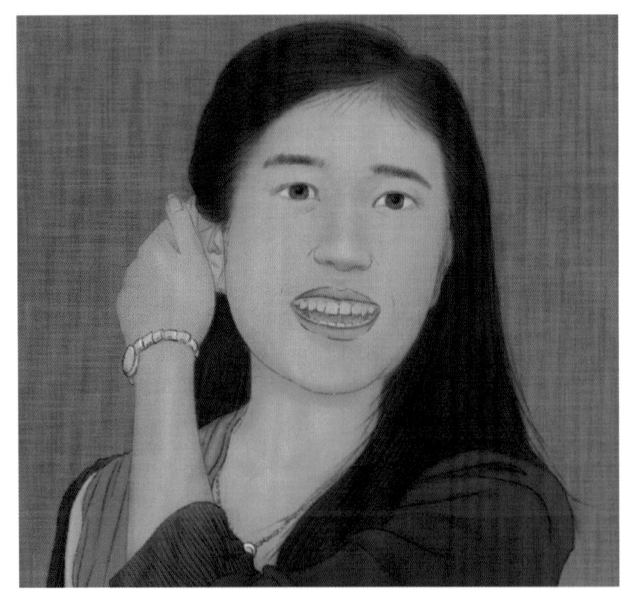

图4-34 局部放大一

图4-35 局部放大二

图4-36 局部放大三

图4-37 完成稿

实战练习

1. 以动物（蜻蜓、螃蟹、蝴蝶、螳螂等）或植物（梅、兰、竹、菊、荷等）为主题，进行国画风格的数字插画作品创作。

2. 以“红裙少女”或“着少数民族服装的少女”为主题，进行工笔画风格的数字插画作品创作。

Ps

05 Chapter

第5章 卡通风格——《调皮的小男孩》的创作

本章以技法上难度不大、风格上相对普及的卡通风格进行创作示范，以求尽可能多地在书中展示不同风格的插画制作。线稿填色的画法在动画、绘本和个人创作中十分常见，面貌虽略有不同但原理相通、流程大体一致，在进行本章学习时，希望各位可以举一反三，不拘一格。

5.1 绘前分析

本章以“调皮的小男孩”为主题进行创作。儿童主题的插画作品较为常见，这类作品在角色设定方面往往将造型“漫画化”，即通过夸张头、身比例来强调儿童的年龄，五官方面则通过放大眼睛、弱化鼻子、夸张嘴巴等方式强调画面感。颜色设置方面使用相对明快和多样的颜色配合主题。

5.2 确定技法——线稿填色法

无论是插画还是传统动画，角色、场景带有边线并填充颜色的风格都较为多见，随着时代和审美的发展变化，边线颜色从单一的黑色发展到深棕色或其他颜色；边线绘制从传统的强调准、挺、匀、活发展到手绘感和机械感并存；填色时有单色填充、明暗硬过渡和明暗软过渡等方式；颜色纯度各异；平涂和质感兼备，等等。当然，作品最终面貌主要取决于创作者的个人风格和作品主题。

线稿填色法广泛应用于插画、动画中，主要是由于这种技法和风格入门容易、受众广泛、方便团队协作时保持风格统一。本章使用Photoshop绘制完成，以钢笔工具描线、油漆桶填充底色、画笔直接绘制暗部的方式完成。

5.3 常规画法——以圆球体为例

本章以“圆球体”为例进行绘制，主要是考虑圆球体形象简单，进行技法展示更为直观。在进行正式创作之前，有必要先将使用线稿填色法完成的圆球体案例深入研究、理解吃透，这对后面案例的快速掌握是非常有帮助的。

（1）边线绘制

新建A4画布（图5-1），在图层面板新建空白图层并命名为“线稿”层（图5-2）。在背景层填充深灰色作为底色（图5-3），使用工具箱中的椭圆选框工具并按Shift键拉出正圆选区，在选区内单击右键并在弹出菜单中点选“描边”（图5-4），设置好描边宽度和颜色后点击确定（图5-5），完成圆球体边线的绘制（图5-6）。

小提示

常见的描边的虚实取决于选框工具的羽化值设置，图5-7和图5-8分别为不同羽化值设置下的描边效果。

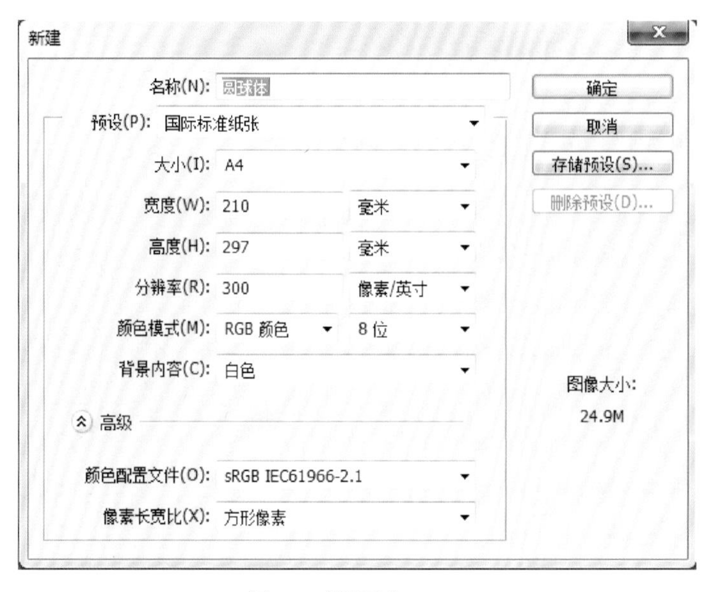

图5-1 新建画布

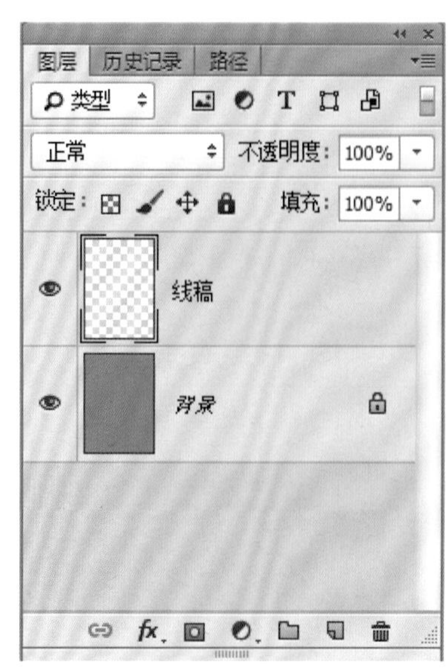

图5-2 新建图层

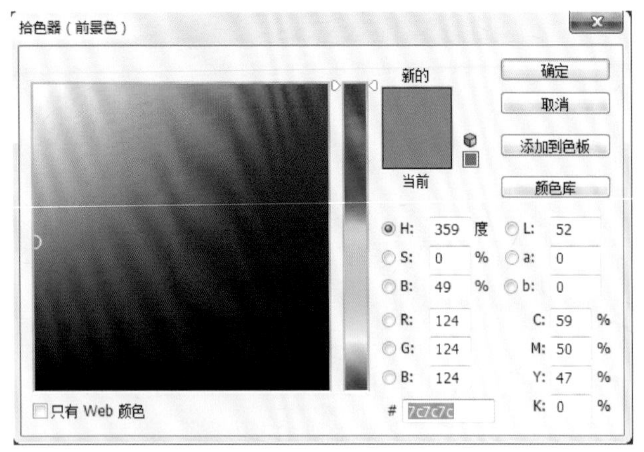

图5-3　底色填充

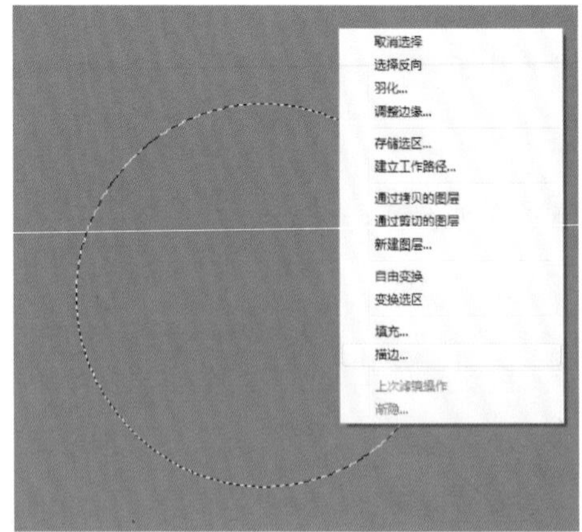

图5-4　选区描边

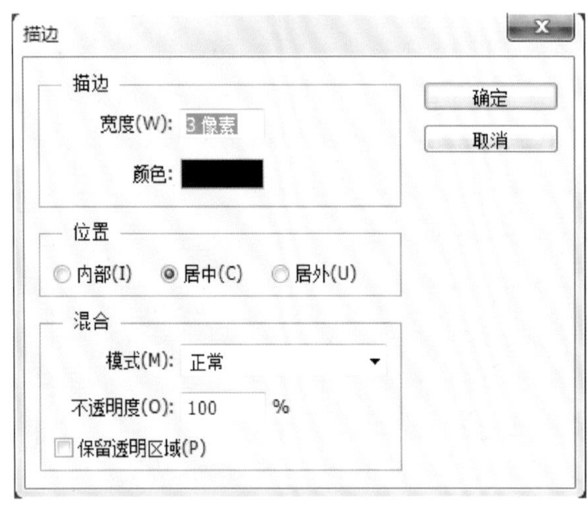

图5-5　右键描边

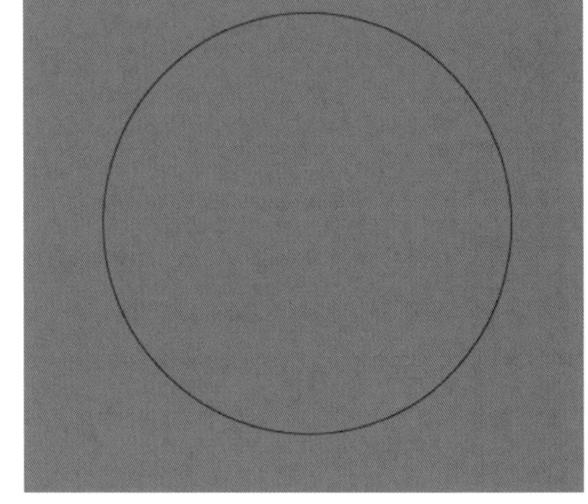

图5-6　圆圈绘制

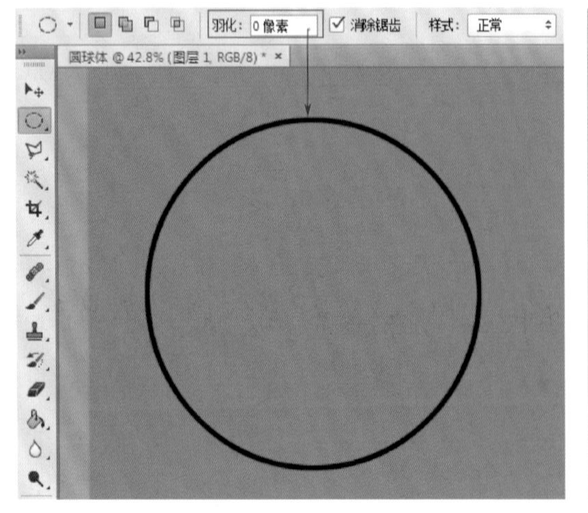

图5-7　羽化值0时的描边效果

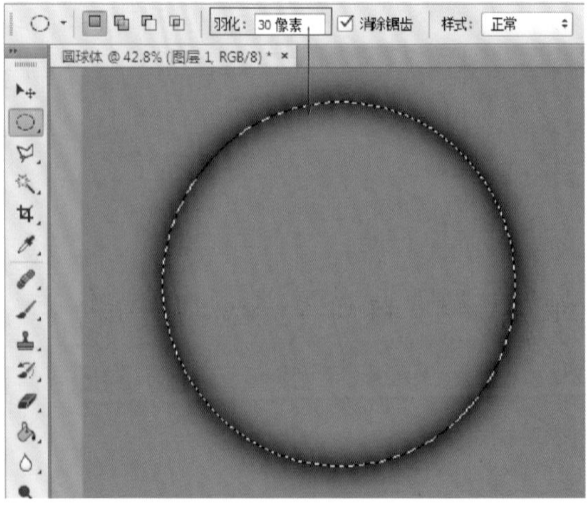

图5-8　羽化值30时的描边效果

（2）地面绘制

在“线稿”层下方新建空白图层并命名为“地面”，使用矩形选框工具拉出地面的范围，使用油漆桶工具填充深灰色（图5-9），在图层面板下方为“地面”层添加图层样式，选择“描边”选项（图5-10），设置好大小和颜色后（图5-11）为地面层描边（图5-12）。

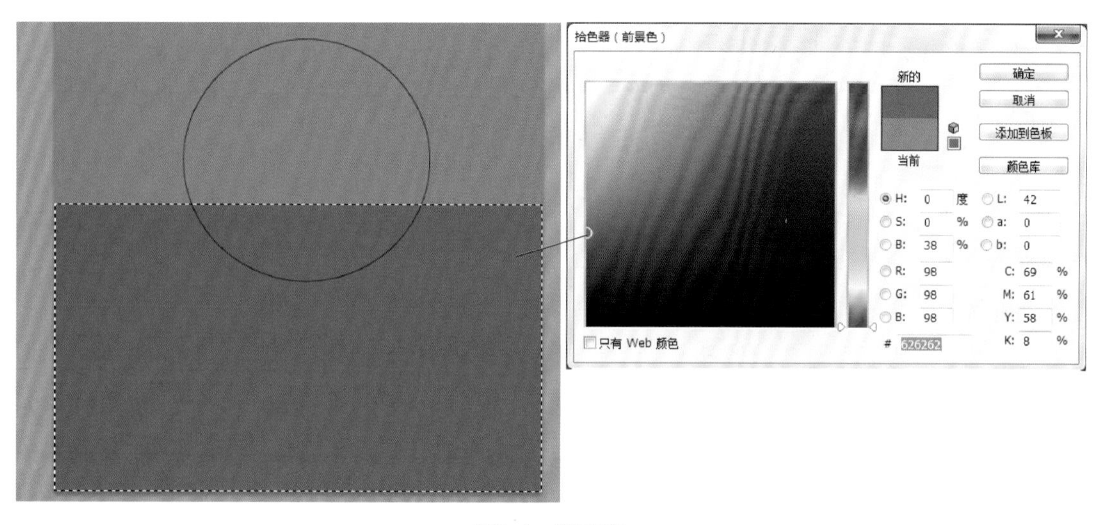

图5-9 地面填色

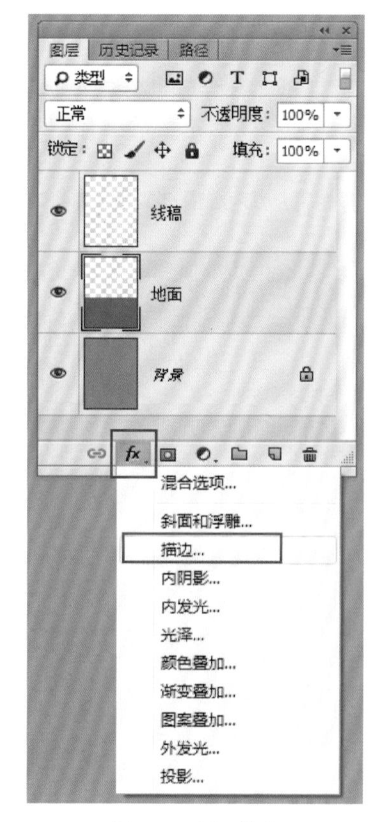

图5-10 图层样式

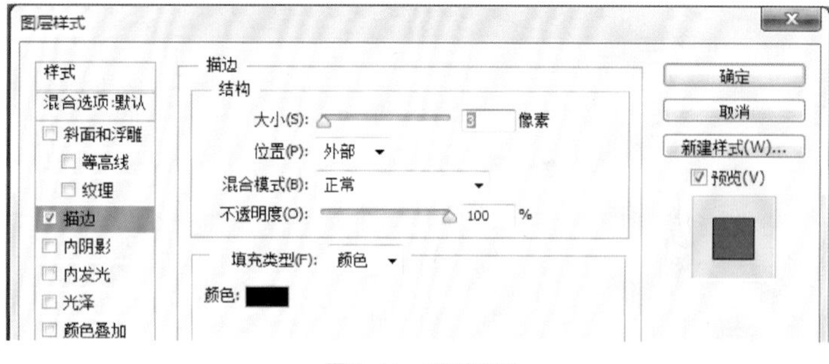

图5-11 描边设置

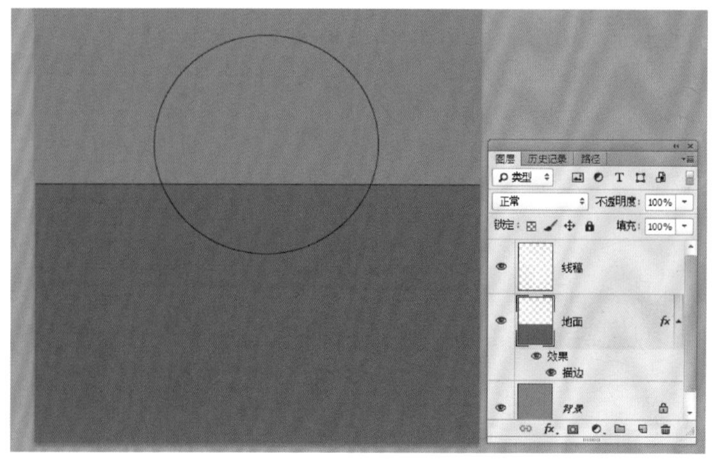

图5-12 地面绘制

（3）球体上色

球体上色有两种常见方式，一是复制线稿层并在复制图层填充上色，保证线稿层在颜色层上方即可，这种方式的优点是效率高；二是新建空白图层并放置到线稿层下方，使用魔棒工具在线稿层选择上色范围，然后切换到颜色层填充或手绘上色，这种方式的优点是可以避免边线叠加带来的后续问题。本步骤选择第二种方式上色。

新建空白图层并命名为“上色”，将“上色”层拖拽到线稿层下方，选择线稿图层，使用魔棒工具点选选区（图5-13，须勾选“连续”选项），然后切换回颜色图层，使用油漆桶工具填充浅灰色（图5-14），完成圆球体的底色填充（图5-15）。

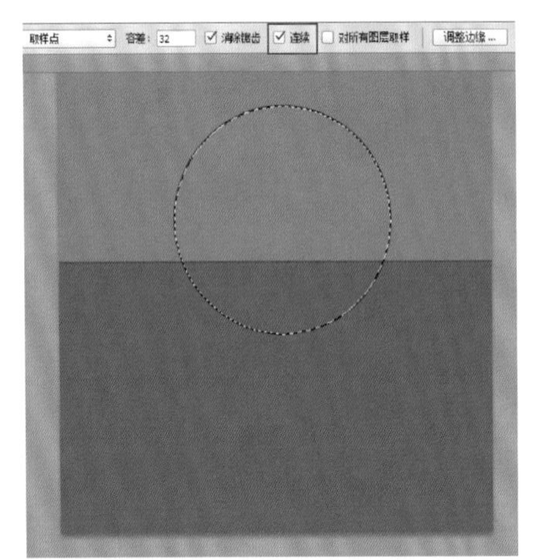

图5-13　魔棒选区

图5-14　选择颜色

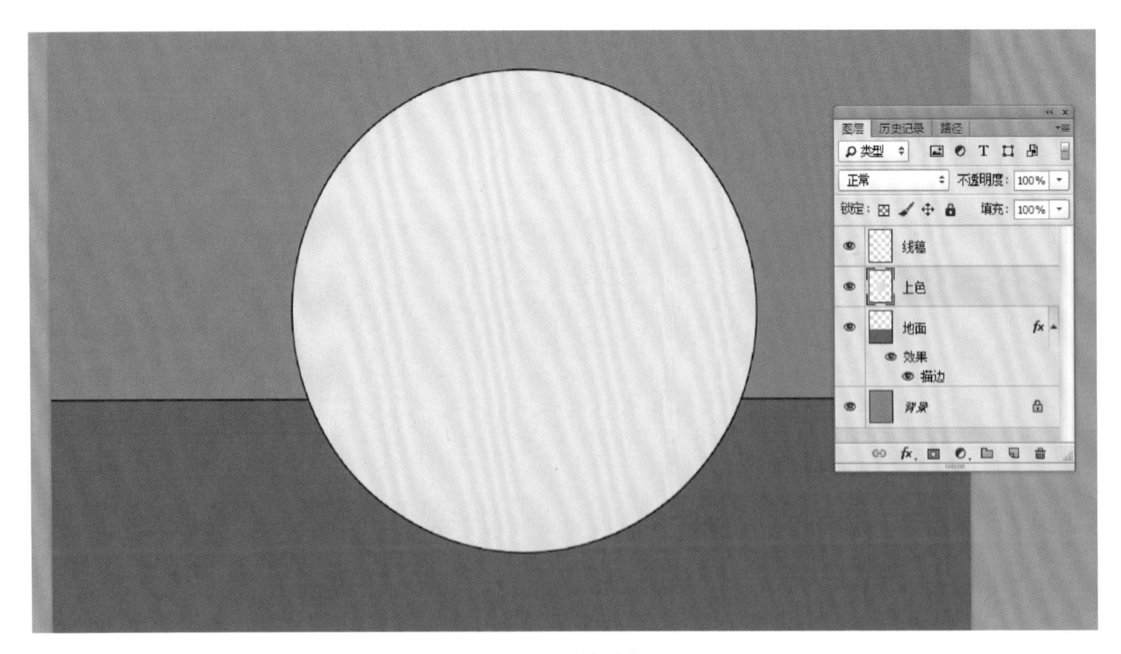

图5-15　底色填充

（4）暗部上色

在“上色”层之上新建空白图层并命名为“暗部”，在暗部图层点击右键选择“创建剪贴蒙版”（图5-16）。

小提示

剪贴蒙版是非常好用的工具，简单来说就是使上下图层产生关联，上面添加剪贴蒙版后的图层只能在基底图层有像素的部分显示，超出的部分都会被隐藏掉。剪切蒙版可以多层创建，但图层要连续排列。图5-17左右两图即为没有剪贴蒙版和创建剪贴蒙版的效果对比。

（5）暗部上色

在暗部图层直接绘制颜色，如图5-18所示。

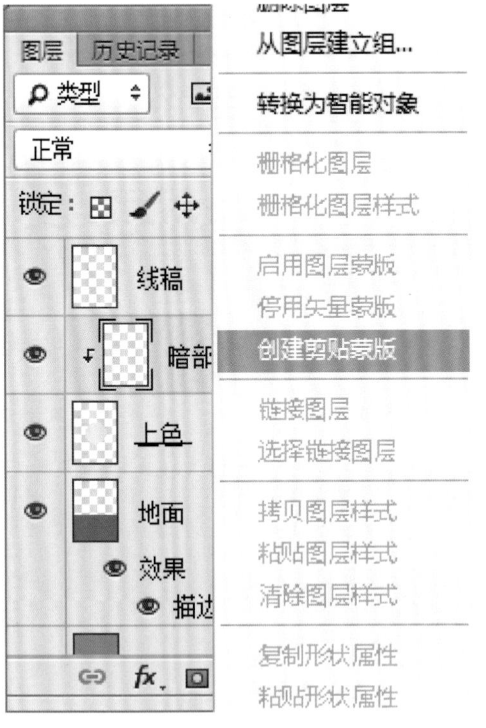

图5-16　暗部图层

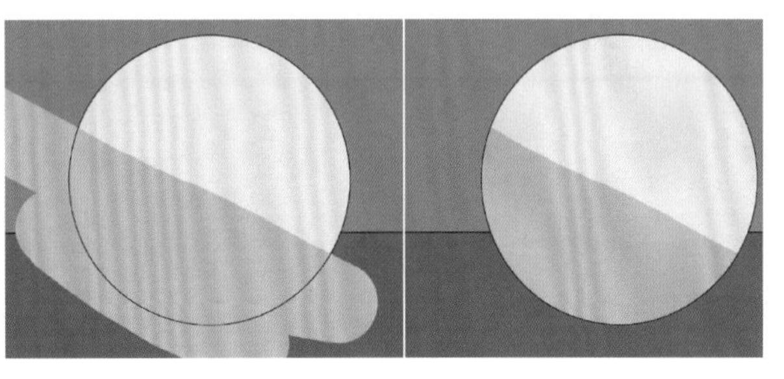

图5-17　剪贴蒙版对比

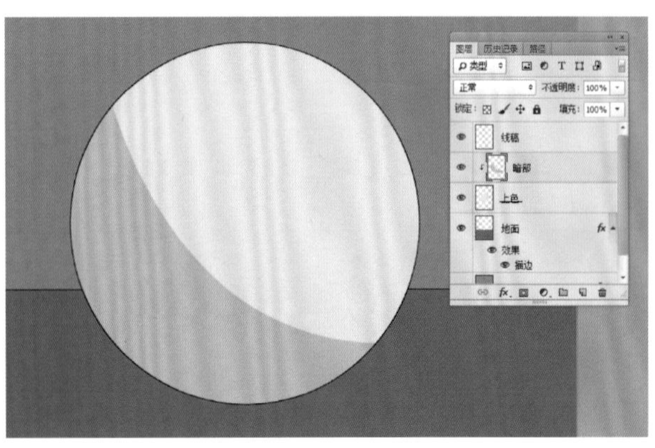

图5-18　暗部绘制

小提示

笔刷的选择决定了暗部绘制的效果：柔边圆画笔绘制即为软过渡；硬边圆画笔绘制则为硬过渡。

（6）完善细节

在暗部层绘制圆球体的高光，新建投影图层并上色，完成圆球体的上色（图5-19）。

（7）线稿颜色更改

更换线稿颜色最常用的方式有两种，首先是使用“色相/饱和度”工具上色调整；其次是使用新建图层并创建剪贴蒙版的方式，在新建图层填充颜色即可（图5-20）。

图5-19　上色完成

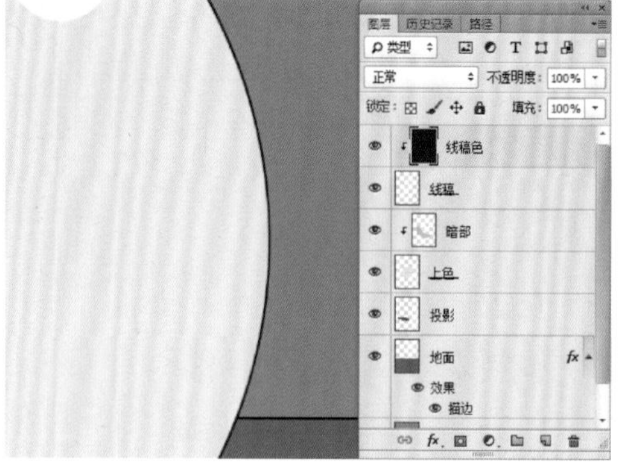

图5-20　线稿换色

（8）最终调整

使用裁剪工具裁切画面选择构图，完成本案例的绘制（图5-21）。

图5-21　案例完成

小提示

有了圆球体绘制的经验，本章正式案例《调皮的小男孩》的创作过程就显得逻辑顺序明晰。图像虽然繁琐，但原理相通。

5.4 《调皮的小男孩》作品绘制

(1) 画布起稿

新建A4画布并旋转横置，本节主要经过草稿创作（图5-22）和钢笔工具勾线（图5-23）、填色用线稿拆分（图5-24）三个步骤。

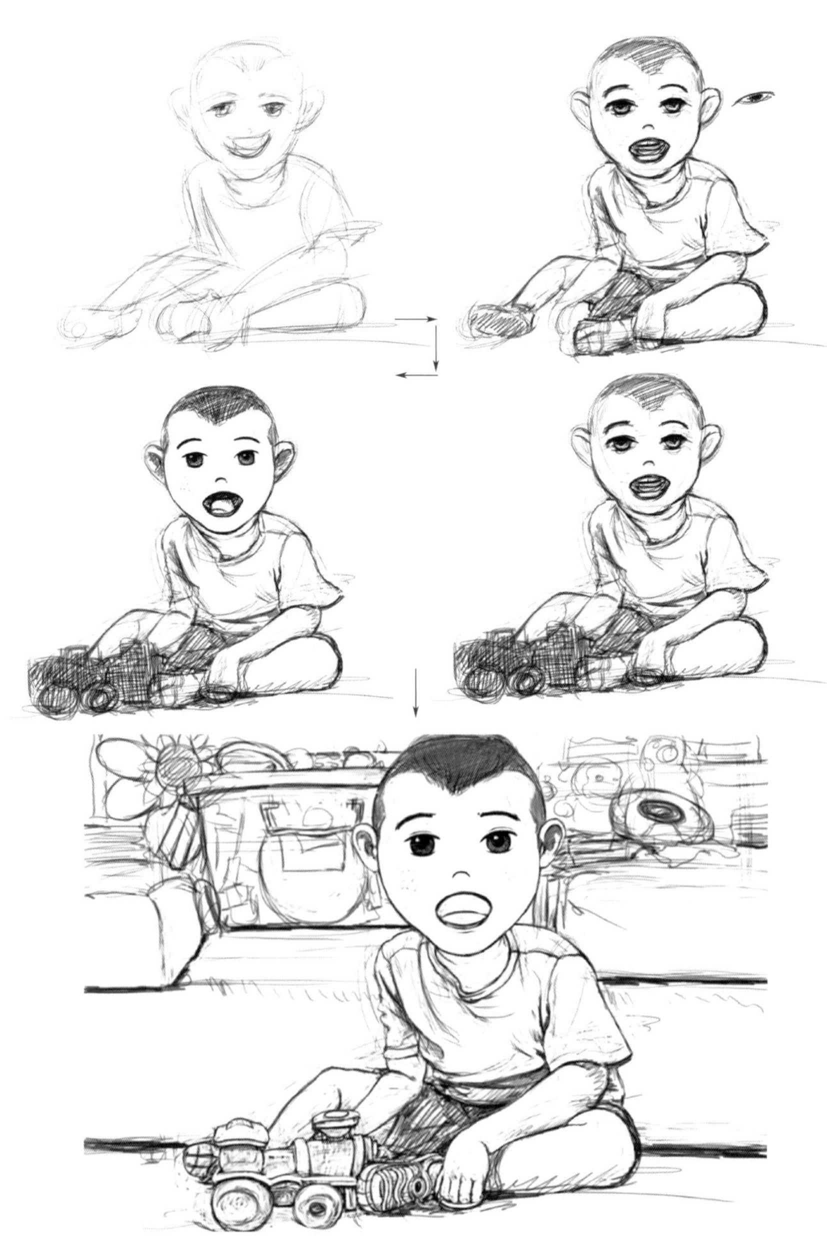

图5-22 草稿创作

将背景层填充深灰色（R：148、G：148、B：148，图5-23）。

小提示

由于底色上色使用的是油漆桶填充，因此需要保证各部分曲线闭合，故钢笔工具描线之后一般需要经过修线的过程：将画面放大，擦除交叉线、用画笔填补开口曲线。

保留一层线稿在图层面板的最上层，然后复制一遍线稿用来填色，即将填色线稿拆分为“上色稿-前”（图5-24左）和“上色稿-后”（图5-24右）两个图层（图5-25）。

小提示

拆分填色用线稿的优点是便于后期处理（如分图层模糊、加特效滤镜等），但这也增加了工作量，并且在上色时需确保所选图层的正确。

图5-23　钢笔描线

图5-25　图层分布

图5-24　填色用线稿拆分

（2）填充底色

分别在上色稿前后两个图层上色（图5-26、图5-27）。

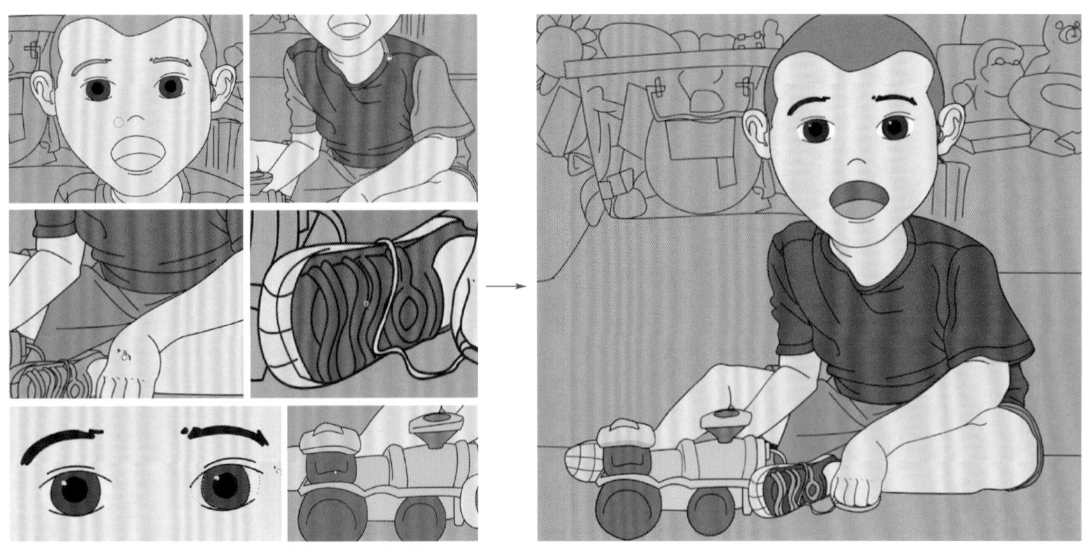

图5-26 人物上色

图5-27 背景上色

（3）颜色分层

在“上色稿-前”图层之上新建空白图层并命名为“塑造-前”，右键创建剪贴蒙版。使用硬边圆画笔在“塑造-前”图层进行人物的塑造，腮红使用柔边圆画笔塑造。在绘制暗部时需要确定各部位的选区，使用魔棒工具和钢笔工具配合完成（图5-28 ~图5-31）。

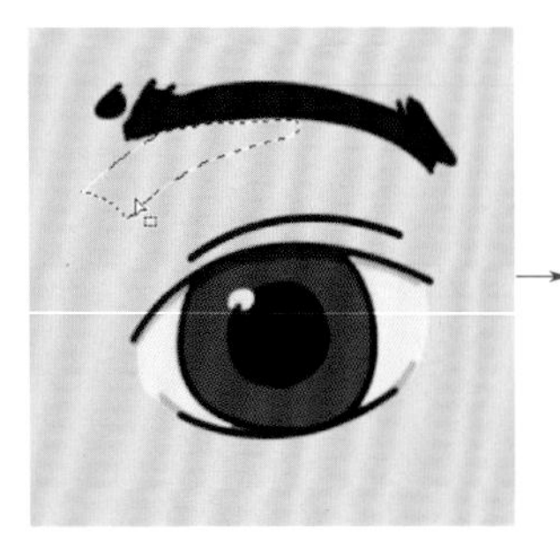
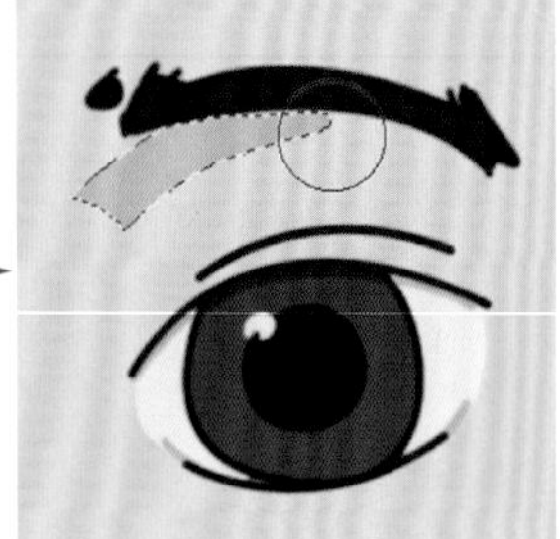

图5-28　塑造一

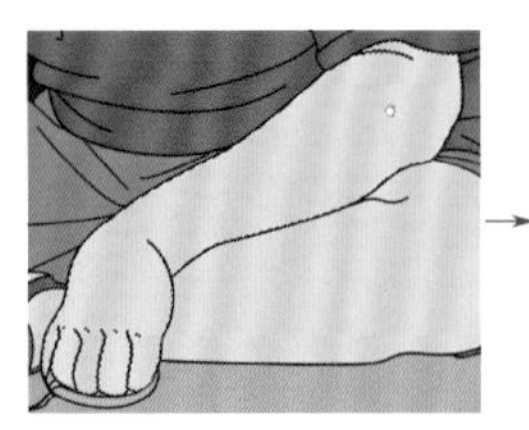
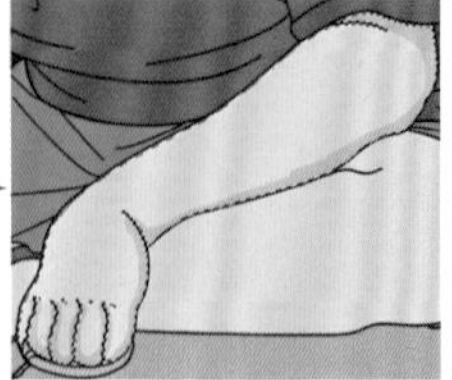

图5-29　塑造二

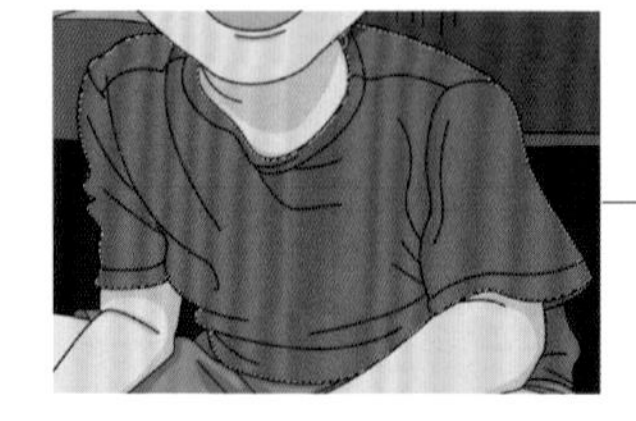

图5-30　塑造三

图5-31　人物塑造

在“上色稿-后”图层之上新建空白图层并命名为“塑造-后”，点击右键创建剪贴蒙版。使用同样的方法对“塑造-后”图层进行背景的塑造（图5-32）。

图5-32　背景塑造

（4）作品完成

本步骤的主要内容是加强景深效果、为背景图层做模糊、更改边线颜色。

当前阶段的图层分布如图5-33所示，画面效果如图5-34所示。

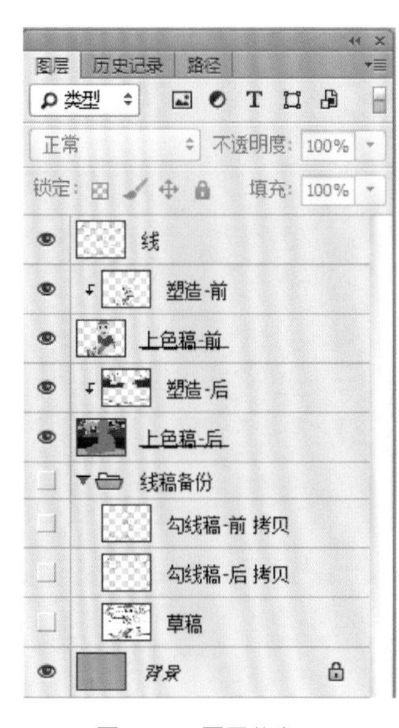

图5-33　图层分布

图5-34　画面效果

在“塑造-后”图层之上新建空白图层，并命名为“模糊”层，填充一个浅灰色之后，将图层不透明度降低至15%。在线稿层之上新建空白图层并命名为“线稿颜色”层，填充深红色并右键创建剪贴蒙版。完成本案例的绘制（图5-35）。

图5-35 案例完成

实战练习

1. 完成一张卡通风格插画创作，使用钢笔工具画线，主题任选，要求边线颜色不使用黑色。
2. 完成一张个人风格明显的绘本型插画创作，线条和上色要求有手绘质感，主题自选。

Ps

06

Chapter

第6章 装饰画风格——《凤凰于飞》的创作

本章案例的画面设计以色块为主，造型设定以传统年画为参考，色彩风格明快，画面整体强调装饰性并带有扁平化特征。有了前面章节的铺垫，本章技法显得难度不大，创作时可以遵循常规的起稿绘制顺序，也可以更加随性，但作品的审美趣味就显得尤为重要。

6.1 绘前分析

《诗经》云：凤凰于飞，翙翙其羽。本案例的创作出发点即为此句。

原文本是赞美周王的献诗，其中，“凤凰于飞”本意为凤与凰相偕而飞，后引申为夫妻相亲相爱，婚姻美满。凤凰，亦作“凤皇”，古代传说中的百鸟之王。雄为“凤”，雌为“凰”，总称为凤凰，亦称为丹鸟、火鸟等，常用来象征祥瑞，凤凰齐飞，是吉祥和谐的象征，自古就是中国文化的重要元素。

凤凰在《山海经》中的记载为“有鸟焉，其状如鸡，五采而文，名曰凤皇”，其形象后来逐渐发展为麟前鹿后，蛇头鱼尾，龙文龟背，燕颔鸡喙，与龙一样成了多种鸟兽集合而成的一种神物，民间亦有“五色鸟”之称。造型方面，凤与凰的主要区别在于凤头顶有冠，背有凤胆，这两项特征区别于凰，另外凤的尾部有三根主尾羽，而凰是两根。

本章就以上文为参考，完成一张构图方中带圆、颜色设定鲜明、风格质朴简单、装饰性强的作品。

6.2 确定技法——色块法

为更好地体现本案例的民俗特色，也与其他章节区别开来，本案例采用色块法绘制。色块法指的是画面以不同面积的色块为主要面貌特征的插画方法。色块的绘制可以手绘，也可以使用选区工具或路径工具完成。每一色块可以使用单一色彩，也可以是渐变的。

本案例的艺术风格取材于中国传统年画和剪纸，在此基础上拓展深入。

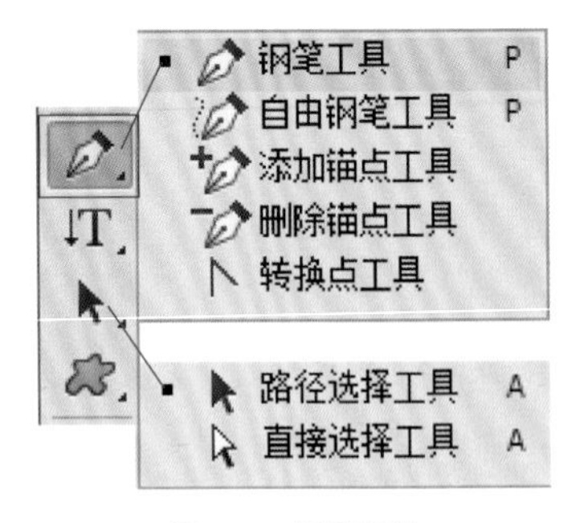

图6-1 钢笔工具

6.3 主要工具

装饰风格的绘画主要是由相对复杂的形与简单上色完成的，因此本案在具体创作时也是先完成形（主要使用钢笔工具，见图6-1，选框工具，见图6-2，自由变换工具、画笔和图层操作等）再上色（主要使用填充工具）来完成的。因此，在开始绘制以前先将重点工具加以阐释。

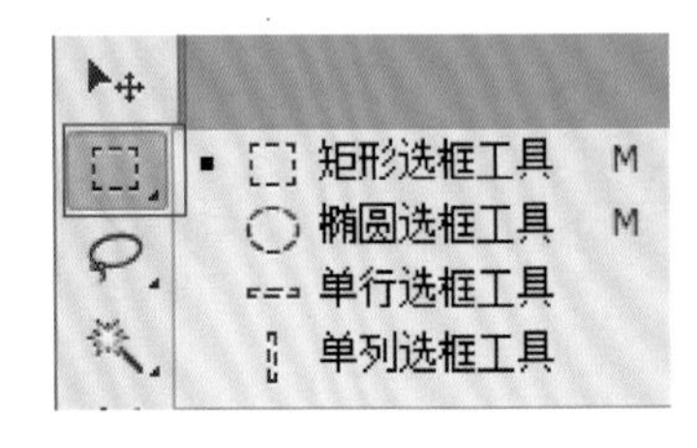

图6-2 选框工具

小提示

① 使用钢笔工具的窍门就是忽略图6-1展开的复杂工具，绘制时钢笔工具配合Ctrl键和Alt键即可完成所有操作，操作完成后按回车键即可隐藏路径。

② 选择钢笔工具，右键执行描边路径和填充路径时都会关联到画笔工具，因此需要提前设置好画笔的大小与笔刷，确定颜色面板的颜色。

③ 无论是描边还是填充，切记在空白图层完成，以便后续操作。

① 描边路径：用钢笔绘制完一条曲线后点击右键，在弹出菜单中选择“描边路径”，通过“模拟压力”按钮的点选与否可以绘制出效果不同的两条曲线（图6-3）。

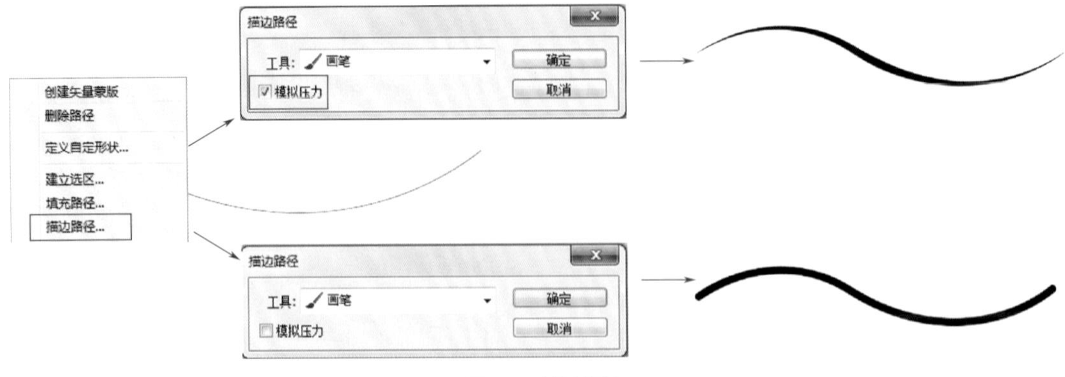

图6-3 描边路径

小提示

钢笔描边路径出现粗细不同的曲线还有一个前提，那就是提前点选画笔流量的压力控制按钮。

② 填充路径：填充路径尽量使用闭合曲线（图6-4）。

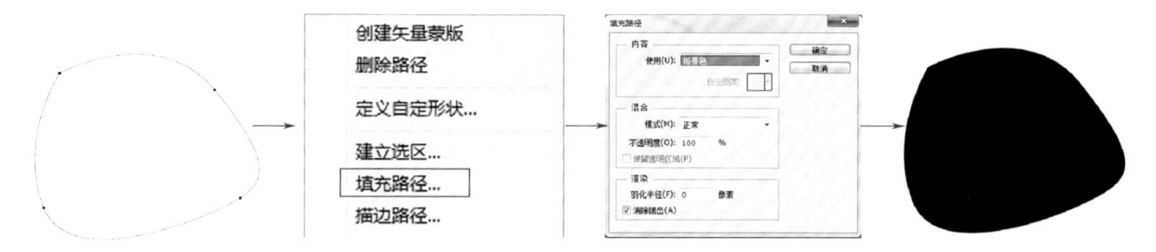

图6-4 填充路径

③ 选框工具：以椭圆选框工具为例，按Shift键拉出正圆，点击右键可进行描边或填充，与钢笔工具类似，简单设置即可完成操作（图6-5）。

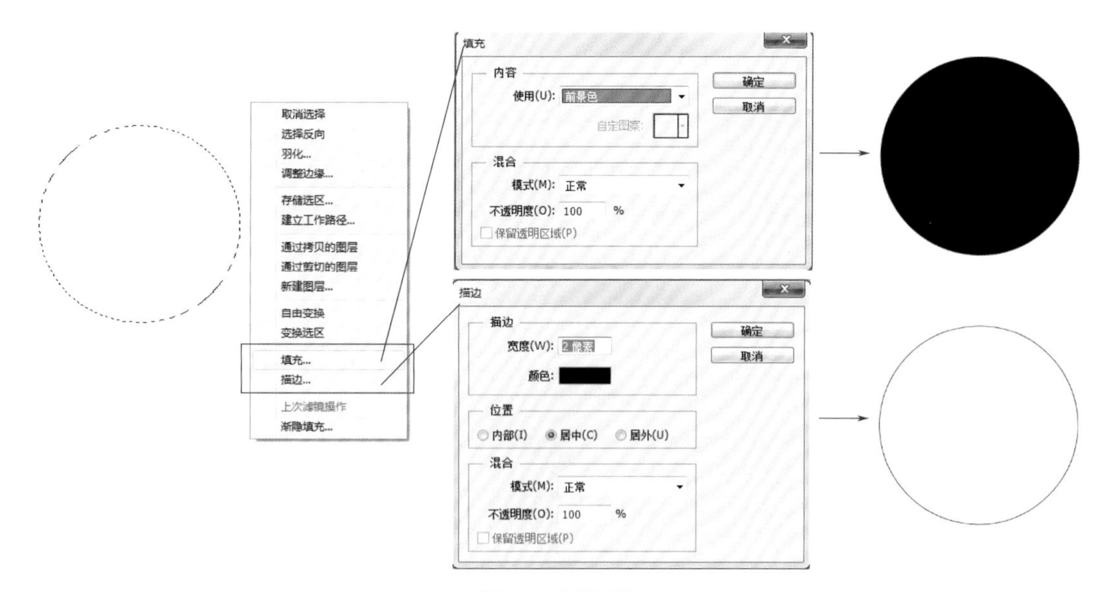

图6-5 选框工具

图层面板的使用主要是图层复制和图层合并，复制图层的方法有许多，可以右键点选“复制图层”按钮，也可以将图层直接拖拽至“创建新图层”按钮进行复制；合并图层既可以右键点选“向下合并”“合并可见图层”操作，也可以使用“向下合并”的快捷键Ctrl+E完成操作。

④ 自由变换工具：自由变换工具主要是对局部图像或所选图层进行移动、旋转、缩放和细致形变的工具，点击菜单栏“编辑”>“自由变换”后即可显示操作框，在工具设置栏点击网格图标可显示更为复杂的操作网格，此时对操作框内的图像可以进行拖拽网格、手柄等细致调整，最后按回车键确认（图6-6）。

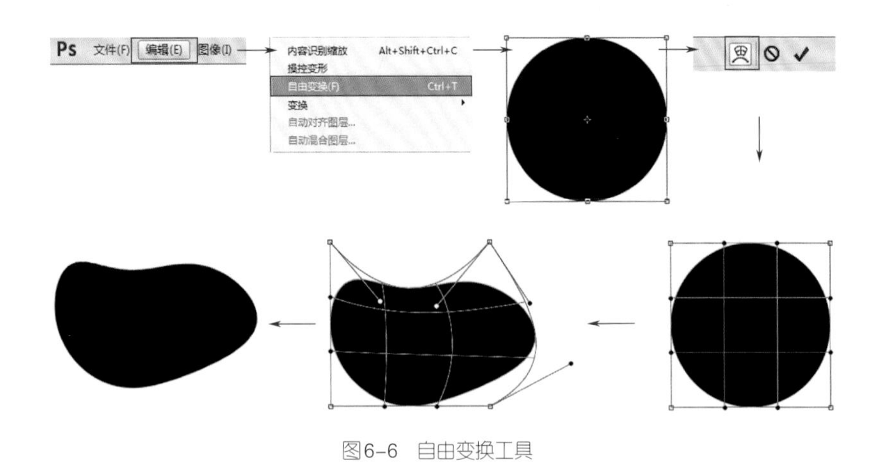

图6-6　自由变换工具

小提示

自由变换工具在本案例的主要作用是对复制好图案进行形变，丰富画面效果，防止雷同。

6.4　画布起稿

新建方形画布，设置如图6-7所示，在图层面板新建两个空白图层并分别命名为“凤-草稿”和“凰-草稿”，分别绘制草稿，如图6-8所示。考虑到凤与凰有许多相似之处可以先画好一个再复制修改，因此草稿着重描绘其中一个。另外，在画凤的时候尽量合理细致分层，以便复制到凰的图层组使用。

颜色方面凤、凰分别使用黄色和红色区分。

图6-7　新建画布

图6-8　绘制草稿

6.5 分层推进

本步骤概括地说就是分别新建凤、凰两个图层组，先在凤图层组分层绘制各个局部，然后将可用图层复制到凰图层组，通过钢笔工具和选框工具等操作完成所需各部位。

① 新建分组：首先在图层面板新建两个图层组，分层分组绘制草稿，各自放置一个底色层（凤R：185、G：116、B：22；凰R：185、G：57、B：22）作为上色过程中的参考，背景层填充浅灰色，新建空白图层先画凤眼（图6-9、图6-10）。

图6-9　图层分组

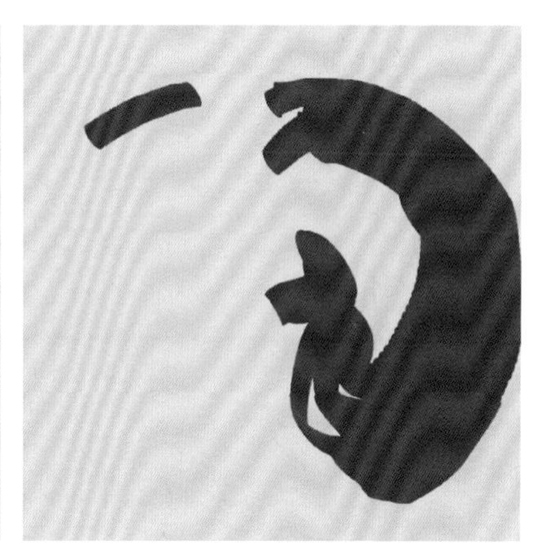

图6-10　底色参考

② 凤眼绘制：眼睛部位由上眼皮、下眼皮、眼球和眼睛高光组成，其中上眼皮的绘制方法是用钢笔工具绘制曲线后执行右键“填充路径”，下眼皮的绘制方法是用钢笔工具绘制路径后执行右键“描边路径”（笔刷大小设置为3像素），眼球使用椭圆选框工具画正圆并填充深色、眼睛高光使用硬边圆画笔直接点画（图6-11 ～图6-13）。

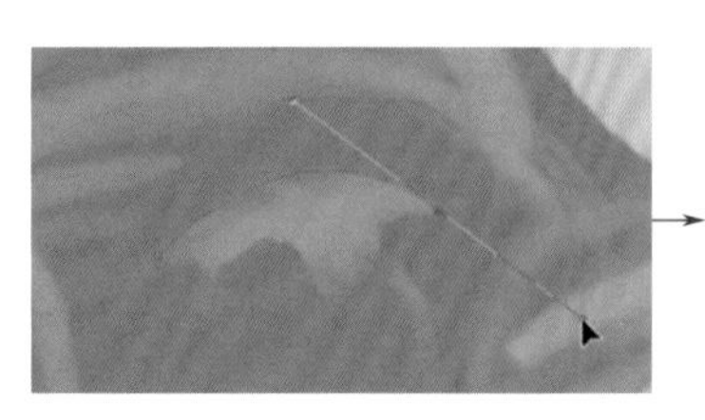

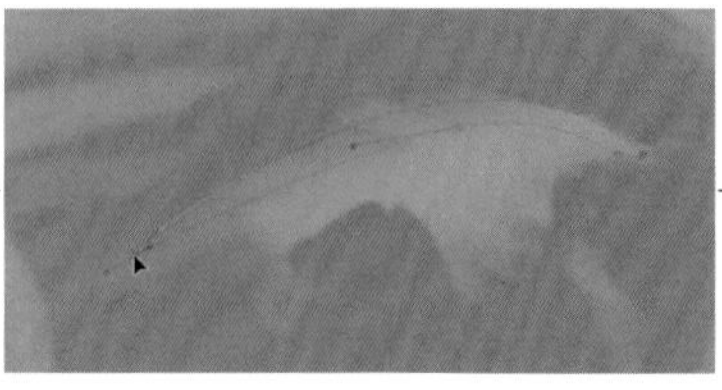

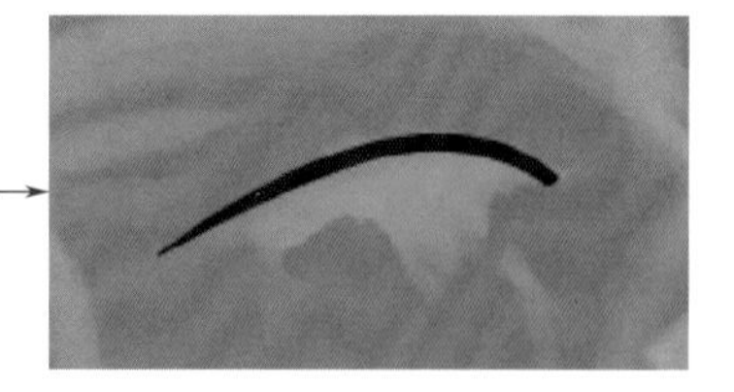

图6-11　上眼皮绘制

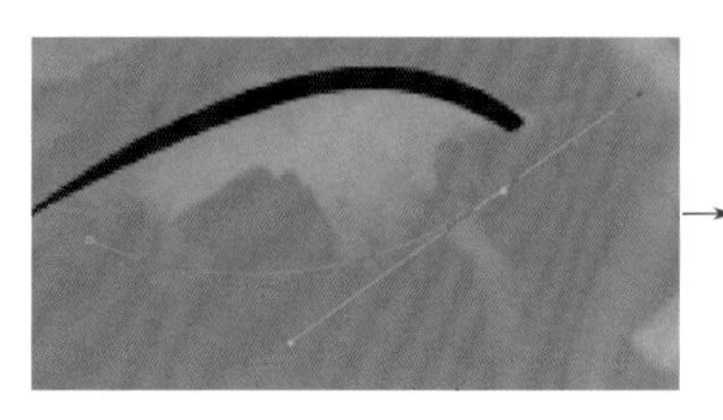

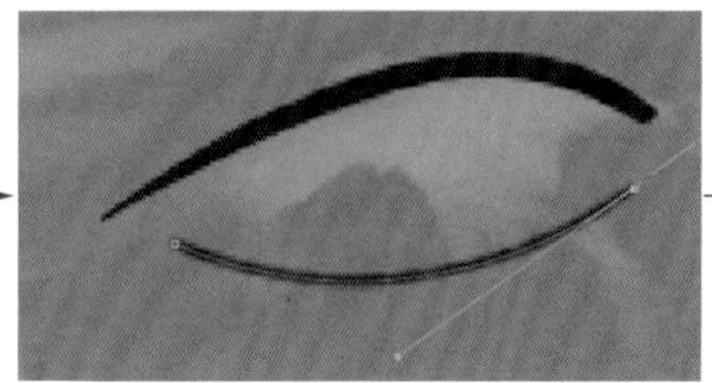

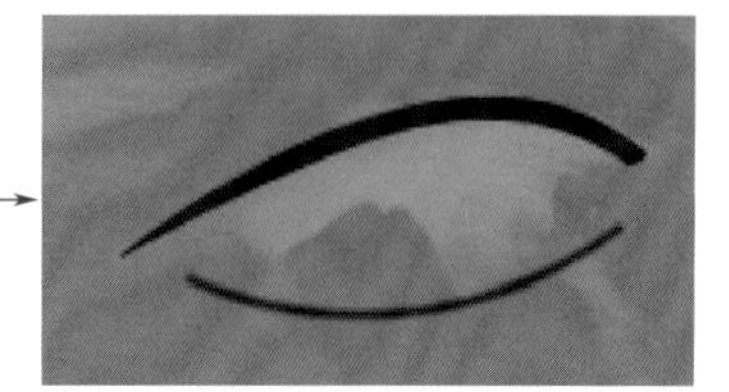

图6-12　下眼皮绘制

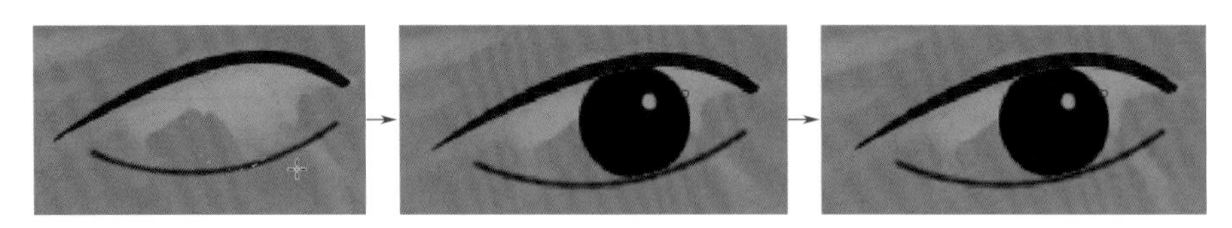

图6-13　眼球绘制

③ 凤嘴绘制：新建空白图层并命名为“嘴”，使用钢笔工具画凤凰嘴（图6-14）。

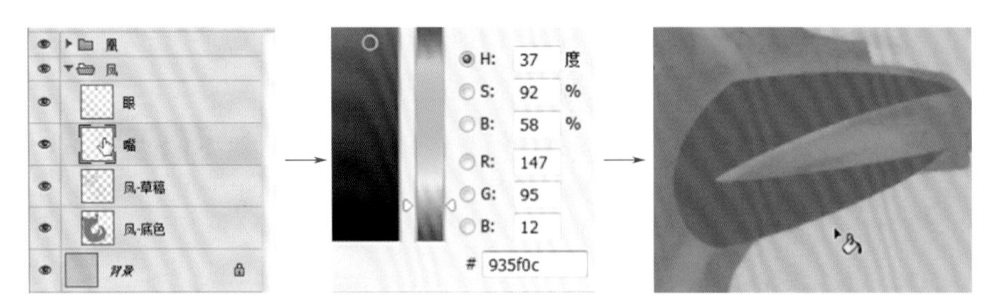

图6-14　凤嘴绘制

④ 绘制凤的“坠”，凤坠分前后两个，因此先画一个复制后调整形，然后调整色彩即可（图6-15）。

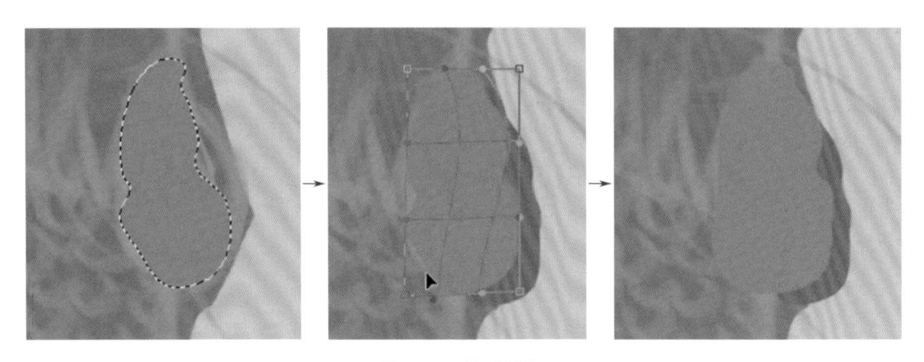

图6-15　坠的绘制

⑤ 分别绘制凤的“头”（R：229、G：163、B：13）、“冠”（前R：230、G：115、B：22；后R：215、G：103、B：12）、“颈”（前R：229、G：163、B：13；后R：218、G：120、B：9）、“翅”（前R：230、G：149、B：22；后R：216、G：139、B：26）、“腹”（R：230、G：149、B：22）、“尾”（R：225、G：142、B：14），如图6-16 ~图6-22所示。

图6-16　头的绘制

图6-17　冠的绘制

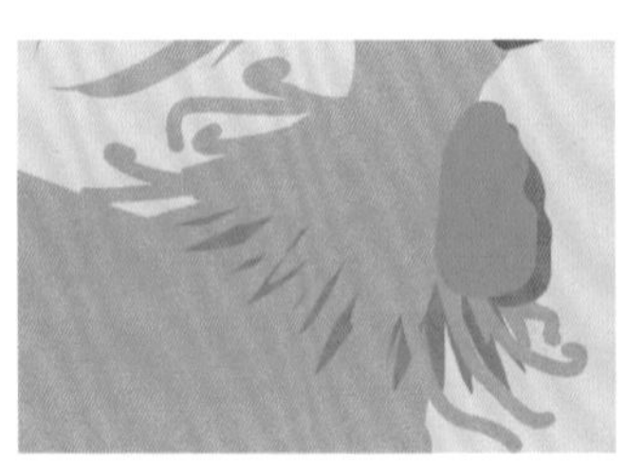

图6-18　颈的绘制

图6-19 翅的绘制

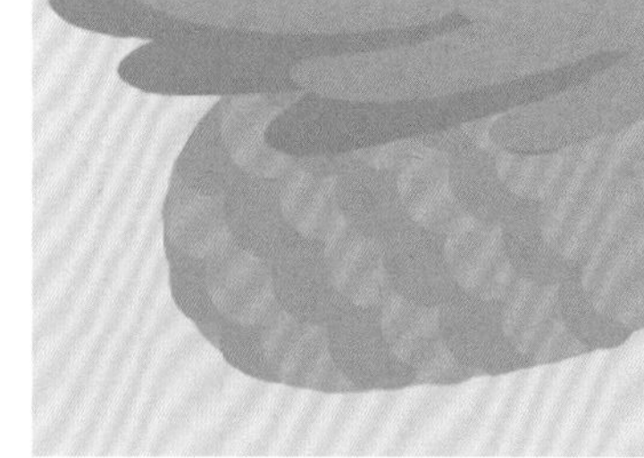

图6-20 腹的绘制

图6-21 尾的绘制

⑥ 尾羽绘制：绘制尾羽（R：229、G：120、B：13），如图6-23、图6-24所示。

图6-22 效果与图层

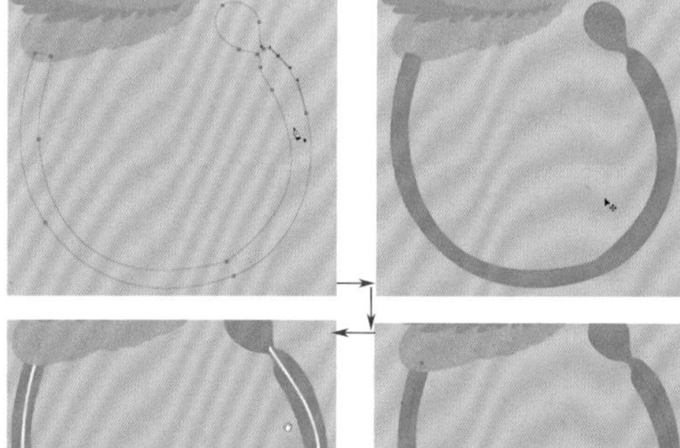

图6-23 绘制尾羽一

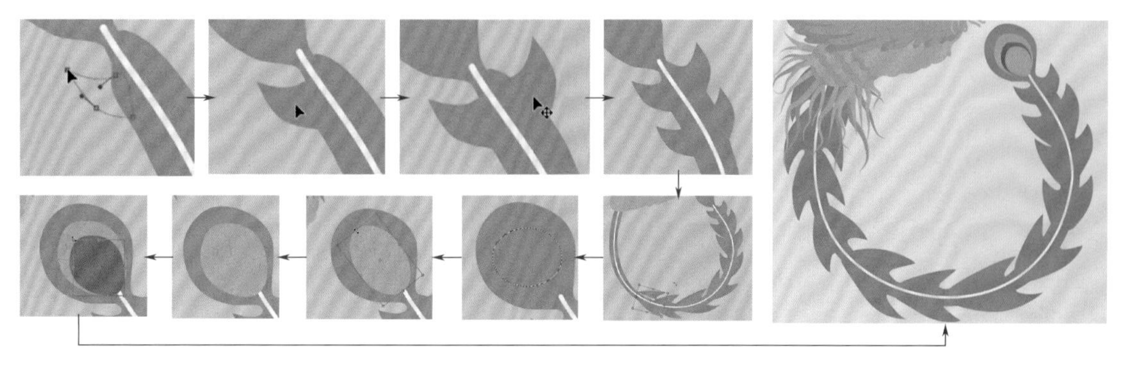

图6-24 绘制尾羽二

⑦ 使用同样的方法绘制其他两根尾羽，颜色通过亮度调节完成。至此完成凤的绘制（图6-25）。

图6-25 凤绘制完成

图6-26 凰绘制完成

6.6 素材利用

所谓“素材”指的是“凤”图层组中的分层图案（如眼、嘴、头、坠、颈等），在“凰”的绘制过程中可以复制并修改“凤”的素材，从而加以利用，其他部位则采用绘制的方式完成。造型方面需注意“凰”无冠，且只有两根尾羽（图6-26）。

6.7 背景完善

① 完善构图，至当前步骤作品已完成基本面貌，此时构图太满，形式感欠缺，尾羽与凤、凰头部互相遮挡，重点无法突出，因此将画面中心部位的尾羽裁剪挪移（图6-27）。

② 分别绘制正圆形并填充背景色（R：133、G：205、B：134），使用硬边圆画笔绘制云彩（R：223、G：234、B：238），填充背景底色（R：36、G：175、B：233），完成背景的绘制（图6-28）。

图6-27 构图完善

图6-28 背景绘制

6.8 作品完成

至此作品已完成，图层分布如图6-29所示，效果如图6-30所示。

图层 历史记录 路径
类型
正常 不透明度：100%
锁定： 填充：100%
凰
凤
云
背景色
凰-尾羽2
背景

图6-29 图层分布

图6-30 完成稿一

使用图层样式功能，为画面添加投影效果（图6-31）。

图6-31 完成稿二

实战练习

1. 任选一张传统年画，使用绘图软件进行临摹，工具、方法不限。
2. 任选一个中国传统神话故事进行插画创作，要求画面以色块为主、扁平化风格、装饰性强。